石川の文化観光

能登・金沢・加賀の発《はっ》酵《こう》食《しょく》

土地の
文化を食べよう

NOTO WINE

はじめに

近年、文化の魅力で人を呼び込む「文化観光」に注目が集まっています。食文化は石川県の文化観光の重要な資源の一つであり、発酵食は中でも宝庫とも言える多彩さがあります。

能登に伝わる日本三大魚醤《ぎょしょう》の一つ「いしる・いしり」、金沢の正月を彩る「かぶらずし・大根ずし」、毒性の強いフグの卵巣を使った加賀の珍味「ふぐの子糠《こぬか》漬け」など、それぞれの土地に根ざした発酵食が親しまれてきました。

石川の観光は、兼六園や金沢21世紀美術館だけではありません。風土や歴史が培った文化の背景を深く味わうことに文化観光の意義があります。発酵食から、当地の文化、歴史の奥行きを伝えるのがこのガイドブックの目的です。

本書の編集を進めていたところ、「令和6年能登半島地震」が発生しました。最大震度7の揺れに見舞われた能登は、加工設備や店舗の倒壊・損壊が相次ぎました。甚大な被害にもかかわらず、脈々と受け継がれた文化を絶やすまいと、多くの事業者が今、復旧・復興を目指しています。

本書で取り上げたのは、人々が育んできた発酵食文化のごく一部に過ぎません。震災からの復興には時間を要します。誌上の旅を通じて「醸《かも》しの王国」の魅力を見つけてほしいと願っています。

2024(令和6)年3月
北國新聞社出版部

能登・金沢・加賀の発《はっ》酵《こう》食《しょく》

もくじ

能登《のと》

金沢《かなざわ》

加賀《かが》

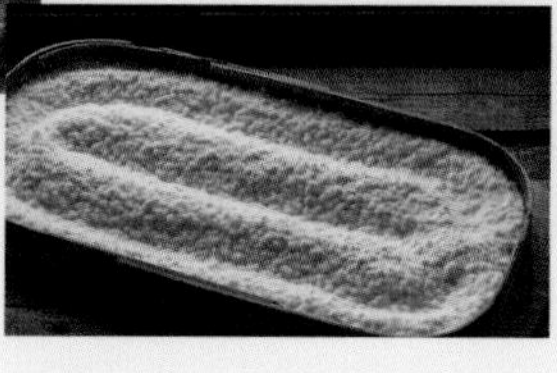

令和6年能登半島地震の影響で、休業したり営業時間が変更になったりしている店舗や事業所があります。あらかじめご了承ください。

能登《のと》

七尾市、輪島市、羽咋市、珠洲市、志賀町、中能登町、能登町、宝達志水町、穴水町

三方を海に囲まれた能登半島は、豊かな自然と長い歴史の中で育まれた文化が評価され、日本初の「世界農業遺産」に認定されている。イカやイワシから作る魚醤《ぎょしょう》「いしる・いしり」をはじめ、海の幸を生かした珍味や、酒・味噌・醤油など、多彩な発酵食品が能登の食卓を彩っている。

日本有数のイカ釣り漁港として知られる能登小木港。明治時代からイカ釣り漁が始まり、最盛期は年間約3万トンもの漁獲量を誇ったという。イカの内臓を塩漬けにして、熟成させた「いしり」は能登を代表する発酵食品。

天下無敵の「能登いしる」

小泉 武夫 東京農大名誉教授

四方を海に囲まれた日本では、古くから地の利を生かして海からの魚介類と塩を材料にした発酵食品の「魚醤《ぎょしょう》」が造られてきた。その代表格が石川県能登地方の「いしる」と秋田県の「しょっつる」(塩魚汁)である。

その「いしる」(「いしり」「よしり」「よしる」とも呼んで、この名は「魚汁《うおしる》」が訛《なま》ったものといわれている)は大変に歴史が古いもので、一説では弥生期または古墳期とも考えられているが、「しょっつる」とともにその起源や変遷といったことに関する文献は発見されていない。

5年以上の熟成も

「いしる」の原料はスルメイカの内臓が中心となってきたが、マイワシやウルメイワシ、サバ、アジでも造られてきた。原料魚に25%もの食塩を加え(発酵を強くして風味を付けるために米麹《こめこうじ》や酒粕《さけかす》を加えることもある)、1年ほど発酵させて液化と熟成をさせた後、布目の大きさの違う濾布《ろふ》で3度ほど濾《こ》したものである。中には5年以上も熟成させた、食の世界遺産のようなものもある。

こうして出来上がった「いしる」は、うま味が実に濃厚な上に、魚を原料とした発酵食品特有の強烈な匂いを持つため、昔からさまざまな料理に使われてきた。我が輩は以前、当時能登町で開業していた民宿「さんなみ」(現在のふらっと)で何年も熟成させた「いしる」を口にした時、「これぞ発酵調味料の王様だ」と評価し

小泉 武夫(こいずみ たけお)
1943(昭和18)年福島県小野町生まれ。東京農大卒、82年から同大教授、専門は発酵学、醸造学、食品文化論。現在、石川県立大客員教授を務める。『発酵食品礼讃』『食と日本の知恵』『食あれば楽あり』など著書多数。北國新聞で2015～18年に「小泉武夫の食魔殿」を連載した。東京都在住。

野菜の漬物を焼いて食べる「焼きべん漬」は、
いしるがあればこその珍味

小木港は波静かな能登内浦にあり、函館、八戸と並ぶイカの3大漁港の一つ。いしるの原料となるイカの内臓が豊富に供給される。写真手前の入り江には6月の出漁シーズン前のイカ釣り船の船体が並び、右上の港では小木とも旗祭りで巡航する御座船と伝馬船が並ぶ。景勝地として知られる九十九湾の一部でもある

たほどの見事なものだった。魚醤というと、これまで多くの日本人はタイの「ナンプラー」やベトナムの「ニョクマム」、地中海沿岸の「アンチョビー」といった、いわば外国の魚醤の方を識知していたのであるが、この日本に古くからあった「いしる」こそ、その味わいと匂いでは世界に冠たるものなのである。

焼きべん漬《づけ》で依存症に

その民宿で、「焼きべん漬《づけ》」という世界に類例のない漬物を食べた時には、感激の持続は能都町から東京の自宅に戻る時までではなく、何と今日の今まで忘れ得ぬものとなっている。それは、やや小形の大根を2、3日塩に漬けてから水洗いして水気をとり、それを「いしる」に漬け込んで1日置いて「べん漬」をつくり、これを何と七輪に熾《おこ》した炭火の上でこんがりと焙《あぶ》って食べるものであった。恐らく日本はもちろん、世界中探しても野菜の漬物を焼いて食べる食法などあるまい。これも「いしる」の存在のおかげであって、その風味は実に香ばしく、そしてとても美味なものであった。

この時以来、我が輩は鍋料理にも、炒めものにも、焼きうどんやパスタ料理にも、とにかく「いしる」を使って大いに胃袋を満たしてきた。そのため今では、すっかり「いしる依存症」を患《わずら》ってしまい、この天下無敵の発酵調味料が無いと、料理するにも食べるのにも苦しみながら喘《あえ》ぐのである。

『愛蔵版 石川・富山 ふるさと食紀行』（2013年発行）のエッセーを再録しました。

いしる・いしり

発酵の力でうま味広がる伝統調味料

5～6月頃、乳酸菌が増えて発酵がピークとなる時期に中身を撹拌する＝2013年6月

写真提供:季刊『能登』

国登録無形民俗文化財に

イワシやイカの内臓を塩漬けにして発酵させるいしる・いしりは、昔から能登で造られている日本を代表する魚醤の一つ。2023年3月には国の登録無形民俗文化財となった。

いしる・いしりがいつ頃から造られていたのか、はっきりわかる資料は残っていないが、江戸時代の中期以降にはすでに知られていたという。その語源も諸説あり、魚の古い呼び名である「いお」「い」の「汁」が訛《なま》ったものという説が一般的。ちなみに能登半島の内浦側では「いしり」、輪島などの外浦側では「いしる」と呼ぶことが多く、材料も内浦側はイカの内臓、外浦側はイワシやサバなどを使うことが多いが、明確な区別はなく、「よしる」と呼ばれることもある。現在、20軒ほどで製造しており、能登ではスーパーや道の駅で購入できる。

魚醤は東南アジアなどでも盛んにつくられており、大量に獲れた魚の活用・保存の方法として広まったと考えられている。イカのいしる・いしりは、イカの内臓を取り出し、塩漬けにする。晩秋から初冬にかけて仕込み、翌年の秋ごろから出荷することが一般的だが、中には2年、3年と熟成させるところもある。イワシ・サバのいしる・いしりは、この地域の名物であるイワシやサバの糠漬け（コンカイワシ、コンカサバ）の原料として使われてきた歴史がある。いずれもうま味の成分となる「遊離アミノ酸」が豊富で、煮物や漬物の味を豊かにしてくれる万能調味料だ。

イカの港、小木漁港の前で営業

能登町の小木漁港は函館や八戸と並ぶ日本有数のイカの水揚げを誇る。この港の眼前に店を構えるのが「カネイシ」だ。最近はイカの水揚げの減少傾向が続いているが、イカの仲卸を営んでいる同社ならではのルートで地元産のスルメイカを仕入れて、いしりを製造している。毎年、冬の終わりごろにイカのワタ（内臓）を塩漬けにして寝かせることで発酵、熟成を進める。1年経ったものから順次出荷する。首都圏からの引き合いも多い。

カネイシのいしり。スーパーや道の駅、ネットショップで購入できる

仕込み蔵は小木漁港を見下ろす高台にある

現社長の新谷《しんや》伸一さんは3代目。30年ほど前にUターンし、家業を継いだ。それ以前は食品の卸会社の営業担当で静岡の料理店を訪問した際に「いしるって知っている?」と聞かれて意外に知名度が高いことに驚いたという。Uターン当時のカネイシの商圏は、宇出津から松波周辺と現在の能登町内に限定。地道に販路を広げ、輪島で販売できたときは「やった!」と思ったそうだ。

まろやかで優しい味わいがカネイシの特徴

そんな限られたエリアで営業していたカネイシに全く新しいチャンスが訪れる。IT革命の波に乗ってカネイシは周囲に先んじて、ホームページを立ち上げ、ネットショップをオープンさせたのである。21世紀初頭の段階で、能登でネットショップを運営していた企業はほんの数社。今のように手軽に使えるシステムやツールもない時代、独学で勉強しながら進めた。2005年、能都町・内浦町・柳田村が合併し、能登町が誕生。同じく合併した能登町商工会が中小企業庁の「JAPANブランド育成支援事業」にいしりのブランド化、新製品開発を申請、採択された。この補助金によりアメリカの展示会への参加やWEBコンテンツ発信などを展開。これが話題となり、逆輸入のような形で地元でも注目されるようになる。「ここで、売り方や買い方を学びました。本当によい経験をさせてもらいました」と新谷さん。ホームペー

製造から営業、WEB担当まで一人
何役もこなす社長の新谷伸一さん

ジのアクセスも順調に増えていたが、２００７年に能登半島地震が発生。風評被害に悩まされることになる。

もっと多くの場面で活用してほしい

いしりは地元では煮物や漬物に使うのが一般的。もっと多くの人に使ってもらうことはできないかと悩んでいたときに、たまたま、九州・博多で消防団の会合に参加。当地の名物の水炊きを味わった際にポン酢に着目。普通のポン酢はだんだん味が薄まってしまうが、うま味の強いいしりなら、最後までもっとおいしく味わえるポン酢ができるのではないかとひらめいた。そこから試行錯誤を繰り返して開発したのが「いしりぽん酢」。酸味が少ないまろやかな風味は、鍋料理のほか、ドレッシングやタレ代わりに使ってもおいしい。最初はなかなか売れなかったが、ブログやテレビ番組で紹介されたことを契機に今ではいしりと並ぶ人気商品になっている。

いしりの魅力をもっと多くの人に知ってもらうためにホームページではいしりを使った料理のレシピを公開中。イタリアンや中華など多彩なメニューがそろっている。豊かな海が育んだおいしさを伝えるために、これからも創意工夫を続けていく。

いしりのうま味と柑橘の爽やかさがベストマッチのいしりぽん酢

ハチバン監修の魚醤いしりらーめんは近くのイカの駅つくモール（53ページ）の名物

いしりはイタリアンにも合う。特に魚介との相性が抜群

● DATA
有限会社カネイシ
［住　所］能登町小木18-6
［電　話］0768-74-0410

なれずし

里山に受け継がれた滋味あふれる発酵食を、住民が力を合わせて商品化

なれずし
小アジを米と塩で発酵させた奥能登に伝わる伝統食

能登町当目《とうめ》は、緑豊かな山あいの地区。山々に囲まれ、清流のせせらぎが心地いい、のどかな風景が広がる。能登では比較的標高が高いため、昼夜の寒暖差が大きく、雪の多い場所でもある。悪事を働いた「猿鬼《さるおに》」を神と村人たちが協力して退治したという「猿鬼伝説」や、平家の落人伝説が残るなど、山里でありながら、どこか風雅な趣も感じられる。この地は米どころの能登でも、おいしいコシヒカリの産地として知られ、「当目の米」はブランド米と

して、注目を集める。

NPO法人当目は10年ほど前に任意団体としてスタート。「地域のみんなが参加できるのは米づくりしかない」と「農」を中心に様々な取り組みを始めた。谷筋に開かれた棚田で自然と共生しながらの米づくりや出来上がった米の通信販売、イベントへの出展などを実施、約2年前には次世代へ活動をつなげていくためにNPO法人化し、現在に至っている。

かみしめると深い味わいが広がる

ふるさとの味を特産品へ

米づくりに続いて、通年で販売し、消費者とコンスタントにつながることができる商品をつくりたいと始めたのが、この地で昔からつくられていた「なれずし」の商品化だった。なれずしは寿司の原型といわれるもので、東南アジア発祥で、中国から日本に伝わったとされ、千年以上前から日本でも食されており、平安時代には朝廷へ献上された記録も残っている。

有名なものでは、琵琶湖特産の「ふなずし」や加賀能登の伝統料理「かぶらずし」などが挙げられる。奥能登のなれずしは、「ひねずし」とも呼ばれ、アジやサバなどを塩漬けし、ごはんとともに漬け込んで発酵させる。祝いごとや祭りなどハレの日のごちそうであり、保存食や貴重なタンパク源として珍重されていた。当目では、昔はほとんどの家庭でなれずしをつくっており、材料にはタイ、ブリなども使った。もっと古い時代には近くの川で獲れたアユやウグイなどの川魚を使っていたという。

新鮮な素材と丁寧な仕事

現在、手のかかるなれずしをつくる家庭は少なくなったが、NPO法人当目では、なれずしづくりの名人で石川県が認定する「ふるさとの匠」にも選ばれた尻田《しりでん》幸雄さんを中心に、商品化を進めた。

当目でなれずしの製造が始まるのは6月ごろ。材料となる小アジがたくさん水揚げされる時期だ。小アジは能登町宇出津港で水揚げされたものが新鮮なまま直送され、できるだけ時間をかけず、スピーディーにおろして塩漬けにする。新鮮で品質の良いアジを使うことが大きなポイントなのだ。塩漬けにしたアジを、自慢の米で炊いたごはん、山椒《さんしょう》の葉、塩と一緒に漬け込んだ後、酢を加える。その後、重石《おもし》をのせて熟成させる。

　乳酸発酵により独特の酸味のあるなれずしが出来上がると、年明けから春ごろにかけて出荷を始める。熟成が1年未満のものは「新物」とされフレッシュな味わいで、こちらを好む人も多い。できあがったなれずしは真空パッ

加工の様子。宇出津港直送の新鮮な小アジを素早くさばいて漬け込む

のどかな里山風景が広がる当目地区

NPO法人当目のメンバー。左から事務局の修田勝好さん、スタッフの多賀真知子さん、代表理事の尻田幸雄さん

クに詰められて、地元のスーパーやJAの直売所などで販売されており、毎年、新物を心待ちにしているリピーターも多いという。

尻田さんや事務局の修田《しゅうでん》勝好さんがすすめるのは、1年以上熟成させたもの。口の中にまろやかな甘みが広がり、ねっとりとしてチーズのような香りがある。熟成が進んだものは、かむとうま味がにじみ出てきて、より深い味わいが楽しめる。「新鮮なアジを使い、手早く丁寧な作業をすること」がおいしさの秘訣と尻田さん。いつも同じ味ではなく、熟成具合によって味が変化するのもまた発酵食品ならではの魅力だ。

新たな加工場で生産スタート

2023年春には、後継者のいない農家の家屋を譲り受け、町の助成金を活用した新たな加工場での生産が始まった。この場所を将来的にはなれずしの加工だけではなく、民泊などにも活用できないかと考えている。加工場にクレーンを取り付けたことで、漬け樽に重石を乗せる労働が軽減された。生産の拡大も目指している。

過疎化の進む里山だが、みなさん、元気で生き生きと活動している様子がまぶしく感じられる。「地域にあるものを活用し、交流人口を増やして、元気な里に」。NPO法人当目の挑戦はこれからも続いていく。

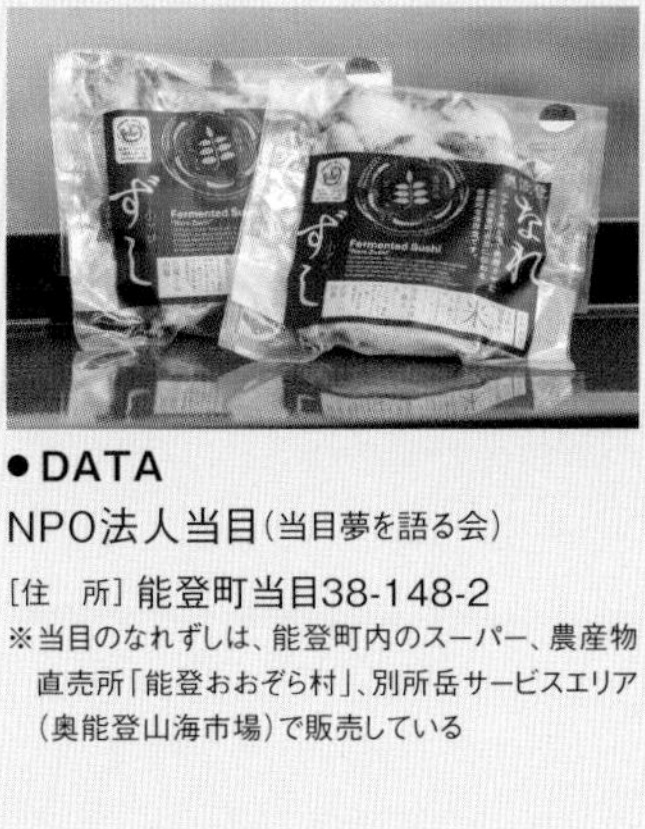

● DATA

NPO法人当目（当目夢を語る会）

［住　所］能登町当目38-148-2

※当目のなれずしは、能登町内のスーパー、農産物直売所「能登おおぞら村」、別所岳サービスエリア（奥能登山海市場）で販売している

能登ワイン

能登の風土が生んだ、能登の味に寄り添うワイン

赤ワイン「心の雫」
厳選したヤマソーヴィニヨンをオーク樽で約6カ月間貯蔵・熟成。甘くスパイシーな香りと深い味わいが特徴

のと鉄道の穴水駅から車で約15分、見渡す限り緑の中に「能登ワイン」がある。緩やかな丘陵にブドウ畑が広がる風景は、どこか異国のワイン産地のようにも見える。低木で枝を広げる栽培方法はヨーロッパ式とのことなので、第一印象は間違いでもないよう。木をあまり大きくせずに育てることで果汁が濃縮されて糖度があがるという。

社屋から見えるのは、能登ワインのブドウ畑全体の約8分の1。全体で24ヘクタールほどの畑で約20種類のブドウを育てている。そのうち、実際にワインとなるのは12、13種類。最も多く生産しているのは、ヤマソーヴィニヨンという日本生まれの黒ブドウ。能登の環境に適しており、ほどよい酸味で、しっかりとした味わいの赤ワインに仕上がる。全国的にはマイナーな品種で、能登ワインが全国の栽培量の約6割を占めている。

少数のスタッフが力を合わせて

能登ワインが誕生したのは2005年のこと。約20年の時を経て、年間約12万～13万本のワインを出荷し（年により変動する）、コンクールで高い評価を得るなど、注目を集めるワイナリーに成長した。現在の社員は10名。この人数で製造から販売、営業まで全ての業務を担う。製造スタッフは3名でブドウの栽培も醸造も担当。秋には、収穫と醸造の両方を行う日もあり、繁忙時期には、製造部門以外のスタッフも協力し、会社挙げての作業となる。

ワインは原料のよさが品質を大きく左右する。つまり、高い品質のワインをつくるためには、まずは、高い品質のブドウを確保することが大切なのだ。だから、1年の多くがよいブドウを育てるための畑仕事に費やされる。収穫は9月に始まり、遅くとも11月まで。糖度と酸度のバランスが取れた時期を見極めて収穫する。

地元で愛されるワイナリー

ワイン造りには原料のブドウと自然の力が最も大きい。しかし、材料を生かす醸造の技術や品質管理ももちろん重要だ。能登ワインの製造は、社屋の地下、大きなタンクが並ぶ醸造所で行われる。

収穫したブドウは、まずは実の付いている枝などを取り除く工程に進む。その後、果汁を搾《しぼ》り、発酵させる。白ワインはブドウを搾った後に果汁だけをタンクに入れて発酵させ、赤ワインはつぶしたブドウをそのままタンクに入れて発酵させた後に皮と種を取り除く。能登ワインの発酵期間は10日から3週間。その後、樽《たる》やタンクで熟成させ、香りと味わいを深くする。

醸造所は事前に予約すれば毎日、無

穴水町の特産品、カキの殻を畑に入れて土壌改良に利用。石灰成分が土壌を中性に戻す働きがある

夏に行われる除葉作業。房の周りの葉を取り除き、日当たりと風通しをよくする

醸造所。発酵・熟成させるタンクは大小14個。品種ごとに別のタンクが使われる

営業の向井利幸さんはワイナリー見学の説明も担当。後ろに並ぶのは熟成用のオーク樽

なだらかな丘に広がるブドウ畑。赤ワインと白ワインの品種が交互に植えられる

料で見学が可能。スタッフのわかりやすい説明を聞き、楽しい時間を過ごすことができる。仕込み時期にはリアルな作業風景が見られることもある。また、展示販売スペースでは、常時7~9種類のワインを無料で試飲できる。

能登の食に合うワイン

能登ワインは、現在でも県内の消費がほとんどを占める。残念ながら県外での知名度はまだ低いが、能登の風土を生かしたワインを造り、能登の食材や料理と一緒に味わってもらうことを目指していることから、地元で親しまれるのは狙い通りともいえる。

商品は普段の食卓にぴったりのカジュアルなものから、特別の日に味わいたい深みのあるものまで、バラエティー豊か。初心者でも楽しめるフルーティーで飲みやすいものが多い。

地域の発展に寄与するため、地元飲食店や企業とのコラボレーションにも積極的に取り組んでいる。中学生の収穫体験実習の受け入れ、穴水町特産のカキの殻《から》の畑での再利用、製造工程で出た廃棄物を活用するなど、持続可能な社会の実現に向けた活動も行っている。ワインを通して、能登の風土や文化を世界に向けて発信したいという。

地震の影響で、店舗は休業中。オンラインショップは営業中。（2024年3月現在）

● DATA

能登ワイン株式会社

［住　所］穴水町旭ケ丘り5-1

［電　話］0768-58-1577

このわた・くちこ

古代から珍重された能登の宝もの

波穏やかな七尾湾は良質のナマコが育つ最適地

漁獲したナマコは湾内の生け簀で泥をはかせる

ナマコはウニやヒトデと同じ棘《きょく》皮《ひ》動物門に属する生物である。海底に生息し、ゆっくり這って動く。グロテスクな見た目であるが、人との関わりは古く、日本や中国では大昔から食料として利用してきた。奈良時代の平城京跡から出土した木簡《もっかん》や平安時代に編纂《へんさん》された『延《えん》喜《ぎ》式《しき》』にもその名が見られ、江戸時代には加賀藩主から将軍家へ能登のナマコが献上されていた記録もある。千年以上も前から能登の特産品として認知されていたのである。世界農業遺産に認定された「能登の里山里海」の恩恵を存分に受けた食材といえる。

古来、上質のナマコを育んできた七尾湾は、三方を陸地に囲まれ、1年を通して波穏やか。里山のミネラルを含んだ水が大小いくつもの川から流れ込み、比較的浅く光が届きやすい海中ではナマコの餌となる良質なプランクトンが豊富だ。七尾湾のナマコ漁は11月

6日から3月末までと期間が定められており、このわた、くちことといった珍味もこの期間に製造が行われる。

専門店として能登から全国へ

和倉温泉の入り口に店を構える「なまこや」は1948年の創業。大根音《おおねおと》松《まつ》商店の名で卸業からスタートし、30年ほど前から「なまこや」ブランドで小売業も営んでいる。主な消費地は都市圏で、乾燥ナマコ（金ん子）は高級食材として中国にも輸出している。

七尾湾で水揚げしたナマコは、湾内に作られた生け簀《す》に4、5日間置き、泥をはかせる。岩場に棲む赤ナマコと砂場に棲む青ナマコの2種類があり、コリコリと歯ごたえのある赤ナマコの方が高級品。酢の物などで一般に食べられるのは柔らかい青ナマコが多い。

泥をはかせたナマコから腸を取り出してうす塩を加えて一晩寝かせたのがこのわただ。熟練の職人が腸を1本ずつ丁寧に選別し、指の腹でしごいたものを塩漬けにして、熟成させる。驚くほど上品でまろやか、かぐわしい味わい。酒の肴にはもちろん、温かいご飯との相性も抜群だ。なまこやオリジナ

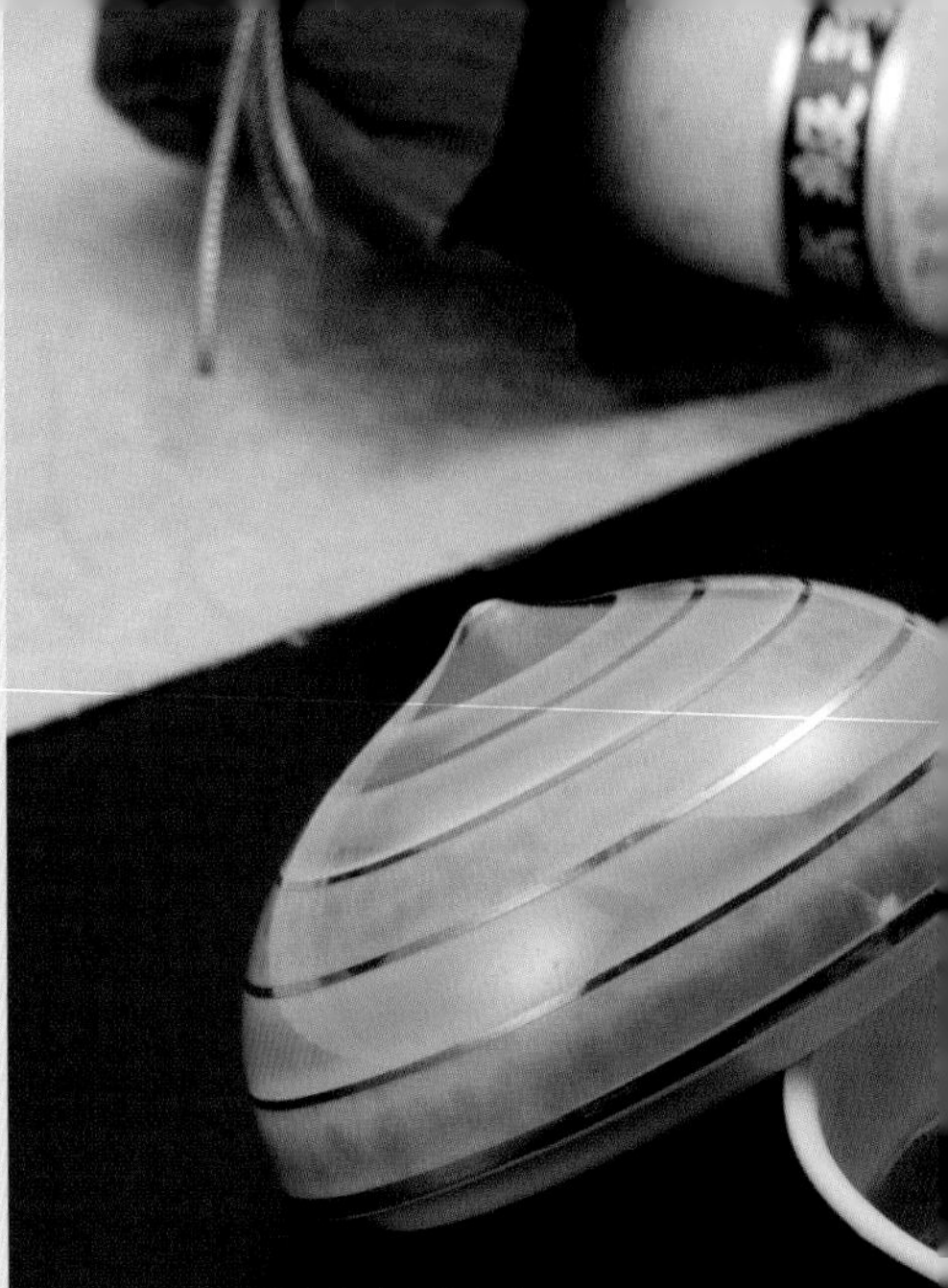

高級珍味として知られる、このわた

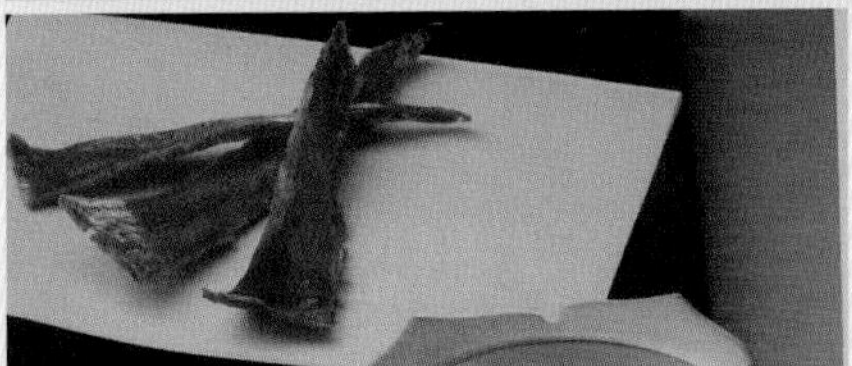

卵巣を使った干くちこ（上）と生くちこ（下）

砂地に棲む青ナマコ（上）と岩場に棲む赤ナマコ（下）

卵巣を麻縄に1本ずつ丁寧に掛けて干くちこに仕上げる。オレンジ色の三角形が連なる様子は能登の冬の風物詩

干くちこは手間がかかった特上の珍味。赤ナマコの方が上質

このわたは竹筒詰めとビン詰めがある。イクラと合わせた醤油漬けも人気

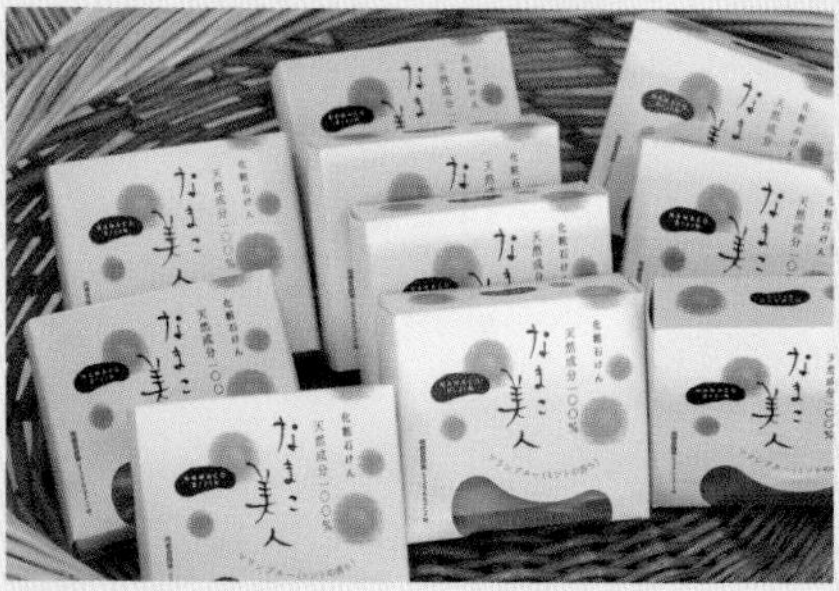

コラーゲンや保湿成分たっぷりのナマコと能登の珪藻土、和倉温泉の源泉水を使った化粧石けん

干くちこをトッピングしたくちこピザ。磯の香りとチーズがぴったり

ルの竹筒入りは天然の青竹を器に仕立てたもの。殺菌作用があり、風味もよくなるという。最後に酒を入れて飲むという楽しみもあって、人気が高い。
　このわたよりさらに希少性が高いのがくちこ。卵巣を塩漬けにしたものだが、くちこを持つナマコは全体の1割程度で、このわたよりさらに少量しか採れない、とても貴重なものなのだ。生のくちこもナマコから取り出した後、うす塩で仕上げる。ほのかな甘みが口の中にひろがる。干《ひ》くちこはその名の通り、くちこを干して仕上げたもの。鮮やかなオレンジ色をした糸のような卵巣を細い麻縄に1本ずつ丁寧に掛けて三角形に整え、素干しする。薄紅色の三角形は他には見られない不思議な見た目だが、1枚数千円もする高級珍味だ。軽く炙《あぶ》ると風味が高まり、独特のうま味がある。

ナマコの情報発信に積極的に取り組む専務取締役の園山芳生さん

ナマコの魅力をもっと広めたい

　高級珍味として、知る人ぞ知る存在のこのわた・くちこだが、将来を考えるともっと若い消費者にすそ野を広げていきたいと、大根音松商店専務取締役の園山芳生《よしお》さん。まずは、知ってもらい、食べてもらうことが重要と知恵を絞る。本店に隣接する食事処「海ごちそう」では、このわたやくちこを使った定食や丼が気軽に味わえる。新商品の開発にも意欲的で、一口サイズで気軽に試すことができる干くちこミニや干くちこをトッピングしたピザなどを販売。ナマコのスープやお粥《かゆ》のほか、スイーツや化粧石けんなど、ナマコのイメージを一新する商品もある。

（写真提供：大根音松商店）

地震の影響で、店舗は休業中。製造は再開し、オンライン販売で商品を取り扱う。（2024年3月現在）

● DATA

なまこや（有限会社大根音松商店）

［住　所］七尾市石崎町香島1の22
［電　話］0767-62-2253

中能登のどぶろく

里山育ちの水と米が生み出す芳醇な味わい

どぶろく特区に認定

　どぶろくは米と米麹《こめこうじ》を発酵させ、日本酒のようにろ過や火入れを行わない酒で、飛鳥・奈良時代には日本でもつくられていたと伝わる。昔は家庭でも醸造されていたが、明治時代に禁止となり、現在は酒類製造免許が必要だ。

　能登半島の中央部に位置する中能登町は、大規模な前方後円墳が見られる雨の宮古墳群や日本最古のおにぎりが見つかった杉谷チャノバタケ遺跡、山岳信仰の拠点として隆盛を誇った石動《せきどう》山《さん》などの史跡が残り、古代から能登の中心として繁栄していた歴史がある。この中能登町は古くからどぶろくづくりと縁が深い土地柄で、神事用のどぶろく製造が行われている全国で約30社の神社のうちの3社が町内にある。天《あめ》日陰比咩神社《ひかげひめじんじゃ》、能登部神社《のとべじんじゃ》、能登比咩《のとひめ》神社《じんじゃ》の3社だ。

　こうした背景があり、中能登町は2014年に内閣総理大臣から「どぶろく特区」の認定を受け、基準をクリアした農業者による「どぶろく」製造が行われている。

実りに感謝を捧げる神社の酒

　古くから親しまれてきたどぶろくは、豊作祈願や収穫への感謝を示す場にお供えする風習がある。前述の3社では藩政期以前より神事用のどぶろくを製造しており、現在も国税庁の許可を受けて、伝統を継承している。

能登國二ノ宮として崇敬を集める天日陰比咩神社

　そのうちの1社、天日陰比咩神社は、鎌倉時代に能登國一ノ宮である気多大社に次ぐ能登國二ノ宮に指定された由緒のある古社だ。杉木立が涼しげな参道の奥に本社があり、その脇を小川が流れている。この水が流れて周辺の田を潤し、どぶろくの原料ともなる米を育んでいる。天日陰比咩神社には

中能登町のどぶろく「太郎右衛門」と「さえさ」

参拝者にふるまわれるお神酒

神に供えるどぶろくが醸造される天日陰比咩神社のみくりや

酒造りの祖神といわれる大三輪《おおみわ》の神が祀《まつ》られ、杜氏や蔵人など酒造りに携わる職人たちからの崇敬を集めている。本社の手前にある小さな建物が「みくりや」。ここで、神前に供えるどぶろくづくりが行われている。例年、10月末ごろに仕込みを始め、2週間ぐらいで酒になる。醸造された酒は12月5日の新嘗祭《にいなめさい》（どぶろく祭り）にお供えしたあと、参拝客に振る舞われる。

農家手づくりのどぶろくを味わう

「どぶろく特区」でどぶろくを生産できるのは、農家民宿や農園レストランなど「酒類を自己の営業場において飲用に供する業」を営んでいる農業者で、2年ほどの安定経営が条件。原料の米も自ら生産したものを使うのが基本だ。中能登町で「どぶろく特区」の制度を利用してどぶろく製造を行っている農家は現在2軒。「太郎右衛門」と「さえさ」の銘柄で、一般販売も行っている。第一人者ともいえるのが「太郎右衛門」。寒い時期に仕込み、低温熟成した生酒は、うま味と丸みのあるまろやかな味わい。昔ながらの濃厚さで、しっかりとした味を好む日本酒ファンにもおすすめだ。「さえさ」は赤と黒の2種類があり、赤は甘口、黒は辛口。アルコール度数が低めのフルーティーでさっぱりとした味わい。フレンチやイタリアンなど洋食とも合い、食前酒としても楽しめる。いずれも自然農法で栽培した米を使い、石動山山系から流れ出る清らかな水で仕込んだ逸

道の駅内の産直館織姫市場には中能登町の特産品が集まる

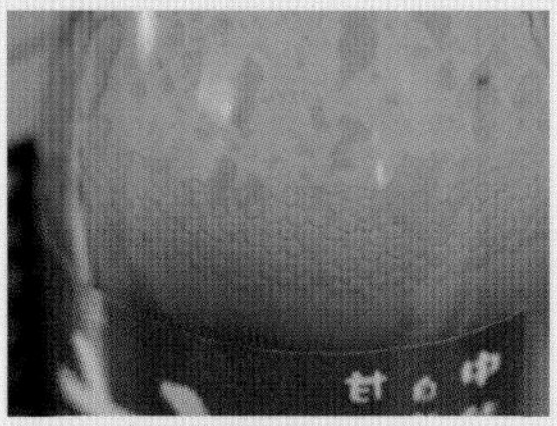
冷蔵庫の中でも発酵が続いている

ベストな状態で冷凍することで発酵を止めたものも販売

道の駅織姫の里なかのとの冷蔵ケースには3種類のどぶろくが並ぶ

品だ。生産者が経営する農家レストランで楽しめるほか、町内の「道の駅 織姫の里なかのと」で購入できる。

いちばんおいしい状態で提供

「道の駅 織姫の里なかのと」は中能登町の歴史や産業、観光情報を発信する拠点。どぶろくをはじめ、中能登町の特産品や新鮮な山海の幸が販売されており、観光客のほか、地元の人たちも気軽に買い物に訪れている。「太郎右衛門」「さえさ」のどぶろくは冷蔵ケースにズラリと並ぶ。並んでいる状態でもぶくぶくと発酵を続けているのがわかる。

冷凍のものもあり、こちらは、いちばんおすすめの時期に冷凍し、いったん発酵がストップしている状態。日々、味が変化していくどぶろくを、生産者がいちばんおすすめする状態で味わえる。どぶろくを使ったまんじゅうや甘酒も販売されている。

ろ過していないどぶろくは、原料の米や米麹の栄養価がそのまま残っており、コウジ酸やアミノ酸などの成分が豊富。美容や健康にも効果ありといわれ、注目が集まっている。中能登町ではイベントの開催など、どぶろくを活用した地域おこしも行っており、今後の展開が楽しみだ。

中能登町観光協会の吉野美里さんは道の駅コンシェルジュも務める

町内の菓子店が作るどぶろくを使った酒まんじゅうは優しい甘さ

● DATA

道の駅 織姫の里なかのと

［住　所］中能登町井田ぬ部10-1
［電　話］0767-76-8000
［定休日］1月1～3日、1～3月の第1･3木曜
［営業時間］8時45分～18時
※定休日、営業時間は産直館織姫市場の場合

能登焼酎

さいはての地で醸される味わい豊かな本格焼酎

能登焼酎

左から定番の能登ちょんがりぶし20度、能登ちょんがりぶし25度、10年熟成の富士乃華25度

能登半島の先端、珠洲市に「日本醱酵《はっこう》化成」という焼酎《しょうちゅう》メーカーがある。九州のイメージが強い焼酎専業メーカーにおいて県内唯一。創業は終戦間もない1947年。醤油蔵に生まれた藤野公平は戦前、大阪帝大や広島大で醸造学を専攻、ビタミンB1の発見で知られる鈴木梅太郎に師事し、旧満州(現・中国東北部)に渡りビタミンを研究した研究者であった。戦後に帰郷し、アルコール醸造を生業とする日本醱酵化成を創業。最高の焼酎を求め研究に明け暮れた。化学薬品の会社のような社名もここに由来する。

貯蔵・熟成用の大きなタンクがずらりと並ぶ

長期熟成が極上の味を育てる

焼酎は麦麹《むぎこうじ》をつくり、麹と水、酵母を糖化・発酵させる一次仕込み、二次仕込みを経て出来上がった「二次もろみ」を蒸留、熟成して出来上がる。こ

社長の藤野浩史さん。珠洲生まれで妻の実家を受け継いだ

の蒸留、熟成が清酒造りとの最も大きな違いである。蒸留酒である焼酎は「造り」がよければ10年でも20年でも長期熟成が可能で、よりまろやかな酒が出来上がる。藤野も長期熟成にこだわった。しかし、様々な事情から商売はうまくいかず、会社は差し押さえられ、閉じることになる。原酒の入った数百本のタンクは国のものとなりそのまま残された。そこから約30年の時が流れ、1991年に会社が復活、焼酎の販売を再開した。タンクに眠っていた酒はやわらかな琥珀《こはく》色と清らかな香りを持つ、極上の酒に変化していたという。

時代に合わせた機能的な設備へ

再開当初も販売には苦労した。焼酎イコール安酒のイメージがあり、本格麦焼酎はなかなか売れなかった。しかし、その後、世の中に焼酎ブームが到来、追い風となる。現在も販売は石川県内がほとんどだが、わざわざ蔵を訪ねて購入してくれるファンも増えている。

2023年秋、うれしいニュースがあった。プロ野球、阪神タイガースが日本一となったのである。トラの名を付けた「本格焼酎 虎の涙」が人気を集めた。全国からの注文に蔵に活気が戻ってきていた。

トラ党大注目、3000本限定販売の「虎の涙18年熟成」。12年熟成や8年熟成もある

地震の影響で、一部商品のみ販売中。都合により休業する場合がある。（2024年3月現在）

● DATA

日本醗酵化成株式会社

［住　所］珠洲市野々江町ア部58
［電　話］0768-82-1231
［定休日］土曜、日曜、祝日
［営業時間］9時～15時

松波米飴《まつなみこめあめ》

500年の歴史を未来へつなぐ滋養の飴

スプーンですくえるとろみの「じろ飴」はそのまま味わうほか、料理の調味料にも重宝する

能登町の松波地区は、中世には能登国守護畠山氏の一族、松波氏の城下町として栄え、松波城は上杉謙信の能登攻めにより落城したと伝わる。旧松波城庭園は国の名勝に指定されており、かつては都の洗練された庭園文化が花開いていたという。この松波城が落城した戦国時代から500年の歴史を重ねている伝統の食品が松波米飴である。戦前までは各家庭でもつくられていたというが、現在、飴づくりを受け継ぐのは松波漁港近くに店を構える横井商店のみである。現在の店主は4代目、一子相伝で米飴づくりを続けている。

原料は地元産の米と大麦

米飴の素朴で優しい味わいを作り出すのは、シンプルな原料と丁寧な手作業。材料は能登産の米と石川県産の大麦のみ。大麦を発芽させ、木槌《きづち》で叩い

固さを何度も確認しながら、じっくりと煮詰めていく

て芽を取り出す。それを石うすでひいた粉「おやし」を蒸したうるち米に入れて、一晩寝かせて発酵させる。翌朝、麻袋に入れて絞った汁を大きな窯に入れてじっくりと煮詰めていく。時折しゃもじですくい、固さやとろみを確認しながら、じろ飴になるまでには3時間、固い米飴になるまでには5時間もの時間が必要だという。温度や湿度により微妙に変化する米飴の固さと出来栄えを長年の経験と勘で調整して、仕上げていく。長年続けてきた作業だが、妥協せず、味にとことんこだわる姿勢が横井商店の経営の基本となっている。

松波米飴は優しい自然な甘さが特徴。麦芽糖が含まれており、血糖値の急激な上昇を緩和する効果があるとされている。砂糖やみりんの代わりに料理やスイーツづくりに使うのもおすすめだ。

最近では能登ワイン米飴など、他業種とコラボした商品づくりでも話題を集めている。500年の歴史を守りながら、若い世代にも親しんでもらえるように、様々な工夫を重ねている。

（写真提供：季刊『能登』）

材料のうるち米を大きな釜で蒸す

● DATA

横井商店

［住　所］能登町松波12-83-1
［電　話］0768-72-0077
［定休日］無休（臨時休業あり）
［営業時間］9時～18時

じろ飴を煮詰めて固くした「固飴」。食べやすい大きさに砕かれている

能登の
醤油・味噌

谷川醸造（輪島市）

安心して食べられるモノづくりで糀《こうじ》の文化を未来に伝える

「サクラ醤油」でおなじみの輪島の老舗醤油蔵。1904年に酒造業として創業し、その後、醤油・味噌の醸造をスタート。最盛期には100名ほどの従業員を抱え、清酒や焼酎の製造も行っていたという。現在の社長は4代目、日本独自の醤油・味噌の製造販売を主に、「糀」の文化を発信する活動にも積極的に取り組んでいる。

定番のサクラ醤油は、甘口で刺し身など魚介類との相性が抜群。お試しや持ち運びに便利なミニサイズから1・8リットルのペットボトルまで種類豊富。ふだんの家庭の味として親しまれていることがわかる。

ドレッシングやディップソース、おかずみそなど、加工品の種類も豊富。原料は可能な限り国産のものを使い、保存料や添加物を使わず、安心して食べられるモノづくりにこだわっている。シンプルで愛らしいパッケージは観光客や若い世代にも人気を集める。

歴史の深みが感じられる醤油蔵。木桶も使っている

能登産の大豆、塩、小麦を使って昔ながらの製法でつくる「能登のお醤油」

野菜や肉にのせて食べる糀ディップソース

● DATA

谷川醸造株式会社

［住　所］輪島市釜屋谷町2-1-1
［電　話］0768-22-0501
※写真提供:季刊『能登』

地震の影響で、当面はオンライン販売のみ（2024年3月現在）

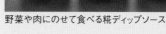

新出商店（能登町）

昔ながらの天然醸造
手づくりの温かさがしみる奥能登味噌

能登半島の小木港そばで、天然醸造による味噌づくりを続けている新出商店。現在の社長の母が、遠洋漁業に出港する船に積み込む味噌を船主たちから頼まれて作ったのがはじまり。当初は内職程度だったが、味が評判となり徐々に生産量も増えた。社長が家業を継いだタイミングで製造工場を増築し、能登周辺、そして金沢エリアの地元資本のスーパーへと販路を拡大している。

発酵も熟成も自然のリズムにあわせ、昔ながらの天然醸造でつくる味噌は、ほんのりした甘みが感じられる。柔らかくて溶けやすいので、味噌汁に使いやすいのも特徴。漁師たちに愛されてきた味噌であり、海藻や魚介など、能登の海産物との相性は抜群だ。

麹《こうじ》づくりも自前で行っているそうだ。11月から12月は販売用の米麹も製造している。トッピングやあえものにぴったりのごまみそや塩糀もリピートするファンが多い。

冷ました米を糀室に納める。手前は出来上がった糀

地元ではおなじみの新出商店の味噌商品

● DATA

新出商店

［住　所］能登町越坂5-35
［電　話］0768-74-0363
※写真提供:季刊『能登』

鳥居醤油店（七尾市）

一本杉通りで老舗ののれんを受け継ぐ 真心がこもった手づくりの味

歴史が感じられる美しい街並みの七尾・一本杉通りでひときわ目をひく広い間口の建物が鳥居醤油店。明治の末期に建てられた土蔵造りの建物は国登録有形文化財となっている。店内には古い道具や家具が飾られ、商品のほか、おすすめの器や調味料が並び、趣き深い。

鳥居醤油店の醤油は能登産の原材料を使い、麹《こうじ》づくりはもちろん、大豆の洗浄からビンのラベル貼りまで手作業で行っている。こうじ室《むろ》、もろみ蔵、もろみを発酵させる杉桶、槽《ふね》とよばれるもろみをしぼる機械、火入れのための和釜など、古い道具が大切に使われており、昔ながらの醤油蔵の雰囲気を伝えている。杉桶に入れられたもろみは、蔵にすみついている酵母とともに２年間かけてゆっくり発酵し、もろみしぼり機で１００枚の麻袋を重ね合わせたあと、ゆっくりと時間をかけて生醤油をしぼる。木樽で2年間熟成した天然仕込み濃口醤油は香り高く、ほんのり甘口。

木樽天然仕込醤油（右）と濃縮タイプのだしつゆ（左）

鳥居家では代々女性が店を継承。作業場でも女性が活躍している

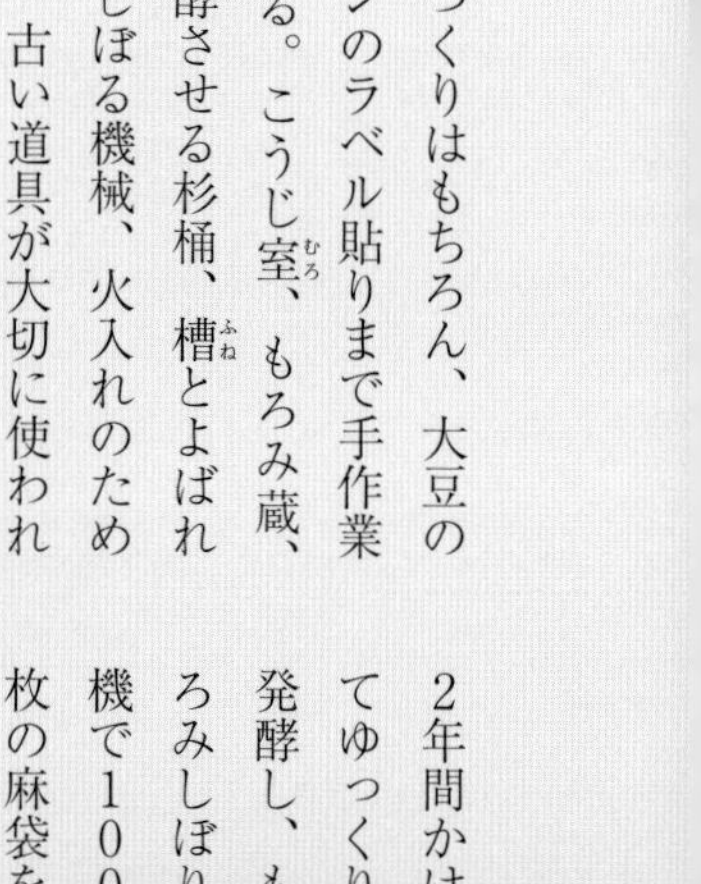
古い道具が飾られて趣きのある店内

地震の影響で、店舗は休業中。営業再開へ準備を進める。（２０２４年３月現在）

●**DATA**

鳥居醤油店

［住　所］七尾市一本杉町29

［電　話］0767-52-0368

※写真提供：季刊『能登』

カネヨ醤油（志賀町）

魚介にぴったりの甘口醤油
能登びとに愛され続けるふるさとの味

「カネヨ」の名は創業者の名前「与（あとう）」に由来している

志賀町ののどかな田園風景の中にあるカネヨ醤油は、麹づくりやもろみの仕込みまで一貫して自社で行っている数少ない醤油蔵の一つ。創業は1926年、まもなく創業百年を迎える老舗で、醤油蔵の見学も受け付けている。カネヨ醤油は石川県内のスーパーなど約50店舗で扱われており、能登の家庭ではおなじみのふるさとの味。特徴は刺し身や冷ややっこにぴったりの甘口であること。多彩な魚介が水揚げされる西海《さいかい》漁港からほど近く、漁師たちの声も生かして味が決められたという。地域の風土に根ざした味は他には替えがたく、嫁ぎ先にも持参すると言われ、この味に魅せられてリピートするファンも数多い。

家族を中心とした少人数経営で、麹やもろみも自家製造するのは苦労もあるが、最新の設備も取り入れながら、品質管理にも力を注ぐ。新商品の開発にも積極的で、「パンケーキにかける醤油」は醤油の可能性を広げた逸品だ。

● DATA

カネヨ醤油株式会社

［住　所］志賀町鹿頭ム2
［電　話］0767-46-1001
※写真提供：季刊『能登』

もろみの攪拌（かくはん）作業

2年間じっくりと熟成させた深みとコクが特徴の能登十三歩糀味噌

髙澤醸造（羽咋市）

明治創業の糀屋《こうじや》が原点 発酵ひとすじに歴史を重ねる

甕（かめ）に盛られた味噌が並ぶ

老舗の風格を感じさせる店構えが目をひく羽咋市の髙澤醸造。明治末期の1910年創業で、もとは糀屋だったという。髙澤醸造の糀は、発酵力が強く、味噌に使うと甘みがでる。能登を中心に北陸の米を甑《こしき》で蒸し、糀蓋《こうじぶた》という薄い箱に盛り、種糀をつける。30度前後に保った室《むろ》で2昼夜、何度も様子を見ながら育てることで、力強い糀ができあがる。

一般的な糀味噌は糀よりも大豆の量が多く、大豆と糀の割合が1対1だと贅沢な味噌といわれる。髙澤醸造の「能登十三歩糀味噌」は糀がそれより3割多く、2年間しっかり熟成させた味噌で、コクがあり、まろやかで味の深みが感じられる。熟成されているので色は濃いが、塩辛いわけではなく、魚介類とあわせるとそれぞれのうま味がひきたつ。自家製の糀をたっぷり使ったかぶらずし、だいこんずし、どぶろく、甘酒なども製造販売しており、毎年楽しみにしている顧客も多い。

● DATA

髙澤醸造株式会社

［住　所］羽咋市下曽祢町ノ50
［電　話］0767-26-0261
※写真提供：季刊『能登』

ヤマチ醤油（宝達志水町）

宝達山のふもとで百年の歴史を紡ぐ
昔ながらの木桶仕込みで心をこめて

能登の最高峰、宝達山の伏流水を使い、昔ながらの製法で醤油づくりを続けているヤマチ醤油。木造の蔵は、1919年の創業から百年以上の歴史を重ね、杉樽や木桶、麻布などの道具類の中には初代のころから使い続けているものある。もろみ蔵の柱や梁《はり》に潜む酵母菌や乳酸菌は目には見えないが、ヤマチ醤油に欠かせない宝ものだという。

醤油の仕込みは毎年1月中頃からスタート。蒸した大豆と煎った小麦、種麹を混ぜたものを室《むろ》に入れて2晩寝かせた醤油麹をもろみ蔵の杉樽木桶に移し、食塩水と混ぜ合わせ、時折攪拌《かくはん》しながらもろみの発酵を促す。2年間ゆっくりと寝かせたもろみをじっくり搾ってできるのが生揚げ醤油。これに火入れ、濾過、瓶詰めといった作業を加えて完成する。

伝統の技を守りながら、ポン酢やドレッシングなど新しい商品開発に積極的に取り組んでいるのもヤマチ醤油の魅力。レトロな雰囲気のパッケージがしゃれていて、ギフトにもおすすめだ。

醤油麹と食塩水を竹製の棒で攪拌し、もろみの発酵を促す「かいつき作業」（写真提供:季刊『能登』）

● DATA

ヤマチ醤油（近岡屋醤油株式会社）

［住　所］宝達志水町今浜新イ108
［電　話］0767-28-2001

杉樽2年熟成の醤油にミネラル豊富な能登海洋深層水を合わせた杉樽醤油のシリーズはパッケージも好評

能登の発酵グルメ

いしる(いしり)の貝焼き (能登町など)

日本三大魚醤にも数えられる能登ではおなじみの魚醤いしる(いしり)を使う伝統的な料理。うま味の強いいしるはそのまま薄めるだけでおいしい出汁となり、鍋料理によく合う。特にイカなどの魚介類との相性は抜群。ホタテの殻を器に仕立て、イカやエビなどの魚介とナスやネギなどの野菜をいしるで煮る貝焼きは能登のごちそう鍋。昆布出汁を加えるとさらにうま味が増す。ホタテを使うのは能登が寄港地として栄えた北前船の影響ともいわれている。

『石川・富山ふるさと食紀行』より

べん漬け (能登町など)

いしる(いしり)を使った漬け物。大根、ナス、カブラなどの野菜を2、3日塩漬けにして、水洗いをし水気をふき取ったものを、いしるで漬け込む。いしるのうま味がきいた、食べ応えのある漬け物で「べんこうこ」ともいわれる。「べん」の由来は、魚料理を能登では「べん料理」と呼ぶことから来たという説や、祝いごとに通じる「紅」から来たなどの説がある。奥能登では、べん漬けを火にあぶって焼いて食べるというめずらしい食文化も残っている。

『石川・富山ふるさと食紀行』より
(協力・青木クッキングスクール)

さざえべし（輪島市）

輪島港から北へ約50キロの舳倉島《へぐらじま》、約25キロの七ツ島の周辺海域は、海女《あま》による素潜り漁が行われている。「輪島の海女漁の技術」は400年以上の歴史があるとされ、国の重要無形民俗文化財にも指定されている。海女漁の主な収穫物はアワビとサザエ。「輪島海女採りサザエ」は大振りで歯ごたえがある極上品。このサザエを夏の間に塩漬けし、晩秋に麹《こうじ》漬《づ》けした「さざえべし」は輪島の正月料理や暮れの贈答品として親しまれてきた伝統の味だ。

（協力・青木クッキングスクール）

べか鍋（羽咋市）

石川の代表的な発酵食品である「こんかいわし」。さっと焼いたり、糠を洗い落として薄切りにして酢の物や刺し身のように食べたりするのが一般的だ。羽咋市の柴垣周辺では、こんかいわしと白菜、大根、キノコなどを入れて粕で煮込んだ鍋料理「べか鍋」が冬の風物詩として伝わっている。こんかいわしのうま味が野菜にしみて、身体が温まる素朴な鍋料理だ。起源は定かではないが、この地区では「べか」と呼んで親しまれてきた。

『石川・富山ふるさと食紀行』より（協力・青木クッキングスクール）

奥能登ビール（能登町）

日本海倶楽部は、ビール工房とレストラン、牧場などからなるリゾート施設。ビールは加熱処理をせず、ビール酵母が生きたままで残されている。モルト100％の自然発酵食品で、栄養価も豊富。チェコ生まれの「ピルスナー」はホップの爽やかな香りとほどよい苦みが特徴。「ダークラガー」はローストモルトの香ばしさが際立つ黒ビール、「ヴァイツェン」はフルーティーな香りと軽快さが魅力。

協力・Heart & Beer 日本海倶楽部

地震の影響で、生産・販売休止中（2024年3月現在）

ハイディワイナリーのワイン（輪島市）

海の幸に合うワインをテーマに、輪島市門前町の皆月エリアでブドウ栽培とワイン醸造を行っている。皆月湾から冷涼な風が吹き込み、海の豊富なミネラル分を含む粘土質の土壌で、糖度が高く、複雑でふくよかな味わいのブドウが育つ。

写真の「千里ソーヴィニヨンブラン2022」はソーヴィニヨンブラン種100％で醸造し、新鮮かつ上品な白桃や夏みかんとフレッシュハーブの爽やかな香りが立ち、キリリとした柑橘系の酸味と溌剌《はつらつ》としたレモン果汁の風味がエレガントな余韻へと誘う。

協力・株式会社ハイディワイナリー

富来のイカの塩辛（志賀町）

協力・道の駅とぎ海街道

イカ漁の盛んな能登では、イカを使った加工品や郷土料理が豊富で、糀《こうじ》漬《づ》けの塩辛も人気の逸品。近海で獲れた新鮮なイカを使い、糀で漬け込んだ塩辛は、ご飯のおともにも酒の肴にもぴったり。ほどよい塩味でクセが無く素朴で親しみやすい。なめらかでプリプリとしたイカは、食べ応えがあり、糀のまろやかさと相性抜群。ゆずが入っていることで臭みがなく上品な味わいになっている。志賀町の道の駅やスーパーで販売されており、手軽なお土産にも喜ばれる。

能登牛《のとうし》プレミアムの生ハム（志賀町）

石川の豊かな自然の中で大切に育てられた黒毛和種「能登牛」。軟らかな肉質と上品な脂《あぶら》のうま味、さっぱりとした後味が特長とされる石川が誇るブランド和牛だ。能登牛のＡ５ランクの中でも特に品質が高いものだけが認定される「能登牛プレミアム」を使った贅沢な生ハムは、芳醇なうま味ととろけるような食感が楽しめる。サラダやマリネ、パスタ、ピザなどのトッピングのほか、そのままごはんにのせてシンプルに味わうのもおすすめだ。

協力・寺岡畜産株式会社

発酵食を食べる

能登

厨《くりや》oryzae《オリゼ》（七尾市）

発酵のパワーを生かした身体に優しいおいしさに笑顔あふれる

和倉温泉の入り口に位置するしゃれた雰囲気のカフェ。発酵食品を活用したフードメニューやスイーツ、ドリンクがそろい、ゆったりとした時間が流れている。

店名の「厨」は身近な台所でありたいとの気持ちをこめており、「ｏｒｙｚａｅ（オリゼ）」は醤油や味噌、日本酒などの材料となる「ニホンコウジカビ」の学名に由来している。

フードやスイーツはテイクアウト可能、発酵食づくりのワークショップも開催している

ランチメニューの「特製日替わり発酵カレー」はチキンカレー、ポークビーンズのキーマカレー、スペアリブの酒粕カレーなどを提供。油をあまり使わず、自家製の発酵調味料を使ったカレーはあっさりと食べやすく、素材の味が生きている。ガパオライスや鶏飯などエスニックなフードも優しく仕上げられている。調味料はお店で購入することもできる。発酵文化が息づく能登の地で、「糀《こうじ》」の持つパワーを利用した現代の食文化を発信中だ。

（写真提供：季刊『能登』）

地震の影響で、休業中（２０２４年３月現在）

● DATA

厨oryzae

［住　所］七尾市光陽台41
［電　話］0767-57-5442
［定休日］木曜
［営業時間］日曜～水曜11時～16時
金曜18時～22時
土曜11時～16時、18時～22時
（地震の影響で、当面休業）

2種類のカレーが楽しめる「甘エビ出汁のチキンカレー＆ポークビーンズのキーマカレーの相がけ（十穀米）」

発酵食を買う

能登

牡蠣《かき》と魚醤《ぎょしょう》の店 いしり亭（七尾市）

閉店のレストランで人気 自家製の味で復興目指す

自家製の「いしり」の販路拡大を通じて、震災からの復興を目指している。

オリジナルのいしりは、メギスを使用したもの。福井県立大の研究者の協力を得て、「速醸法《そくじょうほう》」と呼ばれる製法で、他地域の「いしる・いしり」とは製法が異なる。臭みがなく、あっさりとした上品な味わいが特徴で、万能調味料としてのファンを増やしてきた。

インターネットで扱う「いしり enne メギス魚醤」

もともとは、七尾市中心部を流れる御祓川《みそぎがわ》そば、生駒町にある重厚な建物を生かしたレストランだが令和6年能登半島地震で閉店した。

レストラン時代は、肉または魚のメイン料理に6種の豆皿のおかずが並ぶ月替わりの「豆皿の彩り定食」（当時1560円）が人気を集めた。おかずや味噌汁には、自家製のいしりを使用。ほんのりと優しい風味を感じる味わいは折り紙付きの評判だった。

幸いにも、いしり工房の生産設備は無事で、インターネット上の「能登スタイルストア」を通じ200ミリリットル入りの「いしり enne《エンヌ》 メギス魚醤」を取り扱う。「培った味を、より多くの人に届けたい」と、東京での物産イベント出展などを模索している。

● DATA

牡蠣と魚醤の店 いしり亭（閉店）

※地震後の2024年2月末に閉店。「能登スタイルストア」で「いしり enne メギス魚醤」を取り扱っている。

豆皿ランチには自家製いしりが使われ人気を集めていた

■道の駅　すずなり（珠洲市）

珠洲観光はここから始まる 郷愁を誘うプラットホーム

のと鉄道の旧珠洲駅があった場所に立地する珠洲観光の拠点施設。金沢方面などからのバスの発着場所で、タクシー乗り場やレンタル自転車などがあり、能登半島の先端、珠洲めぐりのスタート地点として親しまれている。観光案内所を併設しており、珠洲市内の飲食店や宿泊施設、珠洲で楽しめる多彩なイベントや体験プログラムの紹介なども行っている。

すずなり館にはお土産にぴったりの食品や工芸品が並ぶ。いしる・いしり、醤油、味噌などの調味料や、日本酒・焼酎など発酵食品も豊富。地元酒蔵の酒粕や手づくりの昆布巻、素朴な和菓子なども人気。揚浜式塩田で生産された塩や珠洲焼、珪《けい》藻《そう》土《ど》コンロなど、珠洲ならではの特産品もそろっている。

敷地内に珠洲駅のプラットホームが残っており、途切れてしまった鉄道の跡が郷愁を感じさせる。

珠洲の酒蔵、宗玄酒造、櫻田酒造、日本醗酵化成（焼酎）の商品が並ぶお酒コーナー

地震の影響で、
当面休業
（2024年3月現在）

● **DATA**

道の駅 すずなり

［住　所］珠洲市野々江町シ15
［電　話］0768-82-4688

醤油、いしり・いしる、特産の塩を使った製品など、調味料が並ぶ

イカの駅 つくモール（能登町）

大きなイカのオブジェが話題！
イカのまちでイカ三昧

迫力たっぷりの「イカキング」

函館、八戸と並び、日本三大イカ釣り漁港に数えられる能登町小木。小木漁港からほど近い九十九湾は、大小の入り江からなる風光明《めい》媚《び》な海岸だ。九十九湾の遊覧船乗り場に隣接するのが「イカの駅つくモール」。ここで、まず目に飛び込んでくるのが、巨大なイカのオブジェ「イカキング」。国内外のニュースなどで取り上げられ、撮影スポットとして絶大な人気を誇っている。

館内はイカ漁の歴史が学べる解説コーナーや小木名物の「船凍イカ」が味わえるレストランなどがあり、「イカの駅」の名にふさわしい様々なアプローチで特産のイカに親しめる。「船凍イカ」とは獲れたてのスルメイカを船上で1パイずつ急速凍結したもの。直売所で購入することも可能だ。いかめし、塩辛、イカのくちばし「メガラス」など、イカの加工品も豊富にそろう。

イカ漁の歴史や飲食、販売まで館内はまさに「イカづくし」

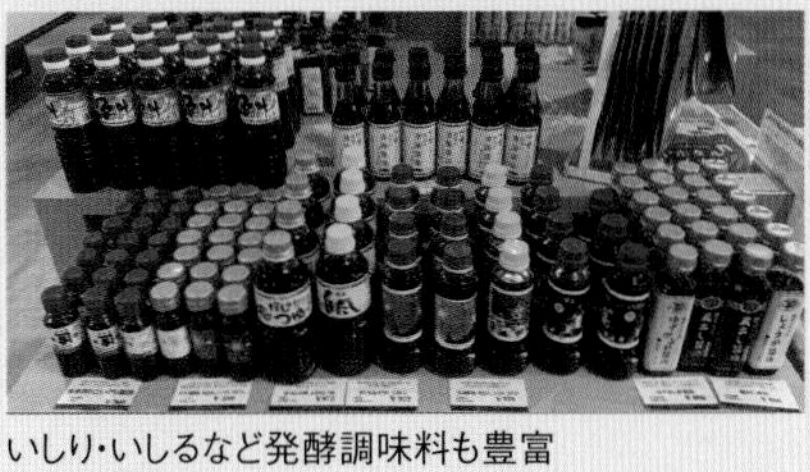

いしり・いしるなど発酵調味料も豊富

地震の影響で休業していたが、2024年3月中に営業再開予定

● DATA

イカの駅 つくモール

［住　所］能登町越坂18-18-1
［電　話］0768-74-1399

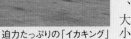

道の駅 輪島 ふらっと訪夢《ほーむ》（輪島市）

醤油、いしるなどの調味料、アワビやサザエの燻製、米など人気商品が並ぶ

ふらっと立ち寄れる輪島の旅の情報発信地

のと鉄道七尾線の終着駅だった旧輪島駅の跡地にあるのが道の駅輪島、愛称「ふらっと訪夢」。観光案内センターのほか、カフェや飲食店があり、観光客のほか地元の人たちにも身近な道の駅だ。

魚介類やお菓子から工芸品まで輪島の土産が勢ぞろい

全国有数の水揚げ量を誇るフグなど干し魚は冷凍ケースに

観光案内センター内の売店には輪島を中心に能登の特産品が並ぶ。人気は揚浜式塩田でつくられた塩や輪島の海で採れた海藻類。イワシやサバを原料にしたいしるやドレッシング、刺身にぴったりの甘めの醤油など能登ならではの調味料もそろう。魚介のいしる干しや一夜干し、つくだ煮などはご飯のおともにも酒のつまみにもぴったり。輪島塗の椀や箸《はし》、アクセサリーもおすすめだ。

地震の影響で、当面休業（2024年3月現在）

●DATA

道の駅 輪島 ふらっと訪夢

［住　所］輪島市河井町20-1-131
［電　話］0768-22-1503

能登食祭市場（七尾市）

お気に入りがきっと見つかる発酵食品のセレクトショップ

能登の特産品を使ったグルメやショッピングが楽しめるのが七尾湾に面した道の駅 能登食祭市場だ。市場のような活気のある雰囲気で新鮮な魚介や特産品を販売している。その一画にある「里山里海百貨店・里乃蔵」で目をひくのが「発酵半島のと」ののぼり旗。珠洲市、輪島市、能登町、穴水町の奥能登から、七尾市、中能登町などの口能登まで、能登全域の発酵食品が購入できる充実した品ぞろえだ。

いしり・いしるを利用したドレッシングや醤油・味噌など調味料も豊富でレシピも提供。20近くの酒蔵の日本酒やワイン、クラフトビールのほか、能登の酪農家の生乳を使った能登ミルクのヨーグルトも販売している。冷蔵ケースには、魚介の糠漬け「こんかいわし」や「こんかさば」、「ふぐの子糠漬け」、イカの塩辛などが並ぶ。

いしるは、
おでん・チャーハン
ラーメン・カレーなどの
かくし味としてもいろいろ使える
天然素材の調味料です
いしるのソース焼きそば

いしり・いしるの販売コーナー。レシピも提供している

能登の地酒が手軽に楽しめるコップ酒も豊富

地震の影響で、
当面休業
（2024年3月現在）

● DATA

能登食祭市場 里山里海百貨店 里乃蔵

［住　所］七尾市府中町員外13-1
［電　話］0767-52-7071

HAKKO HANTO NOTO

酒、調味料、加工品などバラエティ豊かな発酵食品がそろう

道の駅 とぎ海街道（志賀町）

さくら貝が彩る増穂浦《ますほがうら》海岸を臨む ドライブ休憩にぴったりの道の駅

直売所の正面奥には夏祭りの主役、キリコを展示

志賀町・富来の増穂浦海岸は、水平線に沈む美しい夕日を眺めることができる「世界一長いベンチ」や美しいさくら貝がたくさん流れ着く海岸として知られている。海岸からすぐの国道249号沿いにある道の駅 とぎ海街道は、能登観光やドライブの休憩場所として人気のスポットだ。

入り口すぐの生け簀《す》では、サザエ、カニ、甘エビなど、新鮮な魚介を販売。広々とした販売所では、採れたての農産物や手作業で仕上げた海藻類、特産品などを販売。志賀町名物のころ柿、焼きかきもち、焼きあられ、サザエ最中はお土産に人気だ。地元の醤油や味噌、いしる、地酒、麹漬けなど発酵食品も豊富にそろう。

食事コーナーでは海鮮丼や能登豚のスタミナ丼、ソフトクリーム、甘えびかきあげバーガーなどを提供。さくら貝資料館では、増穂浦海岸へ打ち寄せられた300種類もの小貝を展示しており、フォトフレームやキーホルダーをつくるさくら貝クラフト体験も可能（要予約）。

甘口醤油のソースをトッピングした醤油ソフトクリーム

志賀町のおすすめの特産品が勢ぞろい

● DATA

道の駅 とぎ海街道

［住　所］志賀町富来領家町甲3-5
［電　話］0767-42-0975
［定休日］木曜
［営業時間］10時～16時（2024年3月現在）

いい道の駅 のと千里浜（羽咋市）

能登のおいしいものがいっぱい おしゃれで楽しいマーケット

車で走れる「千里浜なぎさドライブウェイ」からすぐの場所にある、白い建物が目をひく「いい道の駅」。広い駐車場とひと休みにぴったりの足湯（冬期間は休業）、砂場を走った後にうれしい無料のタイヤ専用シャワーなども備えている人気のスポットだ。

塩、醤油、いしるなど調味料が並ぶコーナー

クラフトビール、日本酒などオリジナル商品も

直売所「かわんちまーと」は広々とした明るい空間で、自然栽培の農産物や能登で捕獲されたイノシシを使った「のとしし」の肉や加工品、お菓子や工芸品など多彩な品ぞろえで迎えてくれる。クラフトビールや地酒、調味料など発酵食品も豊富。

直売所に隣接する「ファーマーズベーカリー」では羽咋市産の玄米粉を使ったもちもちのパンを提供。自家製カレーを詰め込んだ外はカリカリ、中はスパイシーなのとししカレーパンはおすすめの逸品。レストランやジェラートショップもあり、観光客はもちろん、地元民にも愛されている。

●DATA

いい道の駅 のと千里浜

［住　所］羽咋市千里浜町タ1-62
［電　話］0767-22-3891
［定休日］水曜（変更の場合あり）
［営業時間］9時〜18時
（冬季12月〜3月は〜17時）
（詳細はホームページ参照）

格子戸が連なる「ひがし茶屋街」。200年余りの歴史があり、お座敷では今も芸妓による舞や笛、太鼓などが披露される。カフェや土産店として利用されている建物も多く、観光スポットとしても人気が高い。

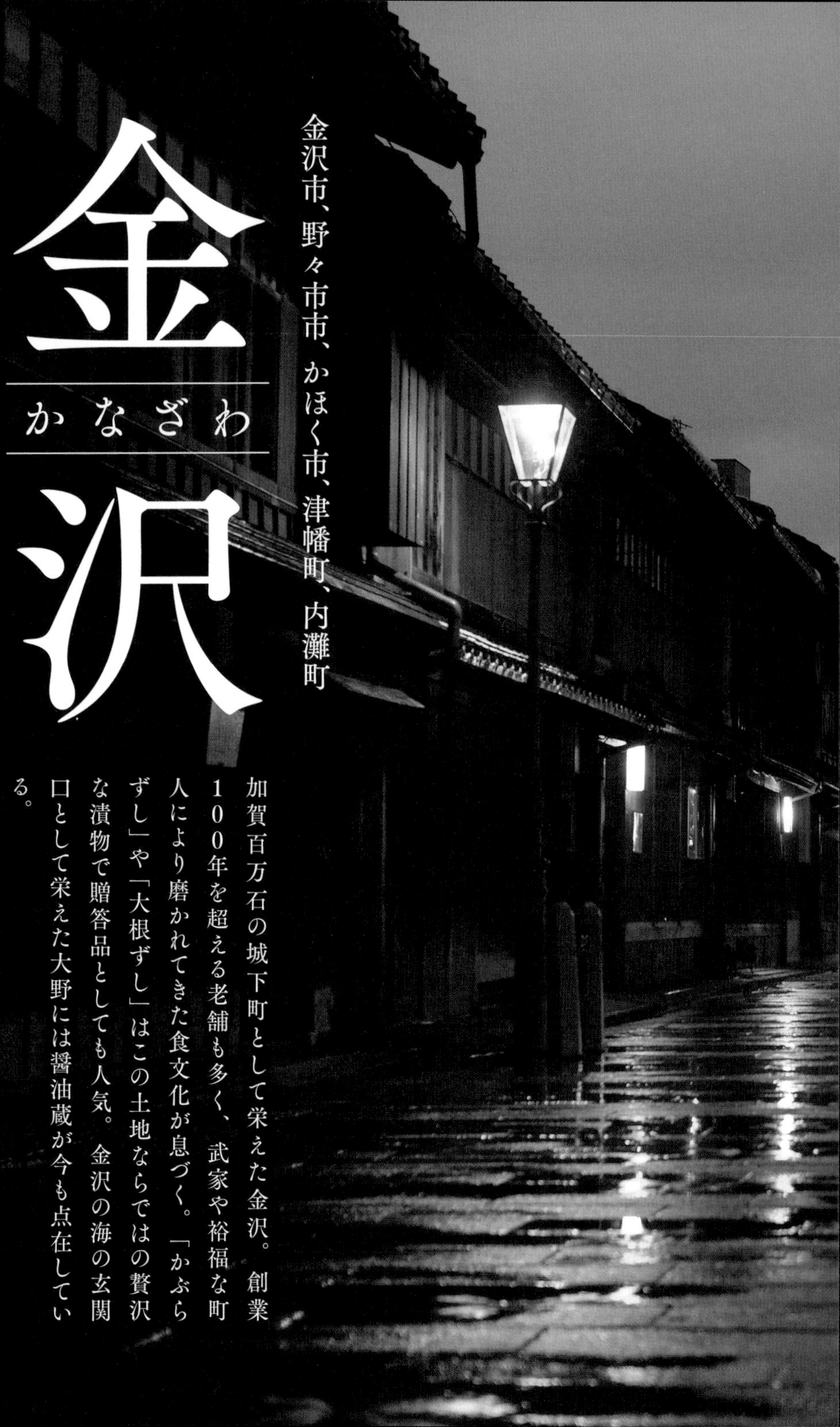

金沢《かなざわ》

金沢市、野々市市、かほく市、津幡町、内灘町

加賀百万石の城下町として栄えた金沢。創業１００年を超える老舗も多く、武家や裕福な町人により磨かれてきた食文化が息づく。「かぶらずし」や「大根ずし」はこの土地ならではの贅沢な漬物で贈答品としても人気。金沢の海の玄関口として栄えた大野には醤油蔵が今も点在している。

時がたつほど際立つかぶらずし

唯川 恵
作家

かぶらずしは塩に漬け込んだかぶらとブリの切り身を糀で漬け込んだ金沢の冬を代表する発酵食である
（協力:金沢市の青木クッキングスクール）

年齢のせいもあるのかもしれない。最近、季節を感じると、その季節に合った食べ物が無性に食べたくなる。それも故郷にまつわる食材ばかりである。

加賀野菜として全国的にも有名になった、太きゅうりや金時草《きんじそう》、甘栗かぼちゃ、れんこん、源助大根など。海の幸なら甘エビや香箱蟹《こうばこがに》、鰤《ぶり》。どじょうの蒲焼《かばやき》も、私にとっては夏を象徴する味だ。

その中でも特に、冬を迎え、町中

唯川 恵（ゆいかわ けい）
1955（昭和30）年金沢市生まれ。金沢女子短大（現・金沢学院短大）卒。84年に『海色の午後』で集英社のコバルト・ノベル大賞を受賞し作家としてデビュー。2002年に『肩ごしの恋人』で直木賞受賞。月刊北國アクタスで「恵妙洒脱」を連載中。長野県軽井沢町在住。

にお正月前の慌しさが広がる頃になると、「かぶらずし」がたまらなく食べたくなる。

どこか官能的な味わい

蓋《ふた》を開けた時の、あのふわりと漂う糀《こうじ》独特の甘酸っぱい香り。口にすれば、塩漬けされたかぶらのしっとりと柔らかく、それでいて力強くもある食感。挟まれた鰤の旨《うま》みと相まれば、野性味も加わり、どこか官能的な味わいでもある。今、こうして思い出すだけで、顎《あご》の付け根辺りがきゅんとする。

家人は関西出身で、実家から送られてきたかぶらずしを初めて見た時、想像していたものとはまったく違い、戸惑っていた。「寿しではないし、漬物でもない」という感想だったが、食べてみると逆のことを言い出した。「これは寿しでもある

し、漬物でもある」。ご飯にも合うし、お酒にも合う、お茶にも合う。それ以来、お正月には欠かせない一品となっている。

お茶うけにして

糀は生きているので、日々、味が変わってゆく。表示された食べ頃にいただくのがいちばんだろうが、賞味期限の近づいた、酸味が際立つ頃に食べるのも、それはそれで味わいがある。食事というより、お茶うけにして食べるのが私は好きだ。

気がつくと、金沢を離れてずいぶん時間がたってしまった。記憶が薄れてゆくものもあるが、逆に、時間がたったからこそ、はっきりと際立ってゆく味覚がある。

そのひとつが、私にとって「かぶらずし」であることは間違いない。

『愛蔵版 石川・富山 ふるさと食紀行』（２０１３年発行）のエッセーを再録しました。

大乗寺丘陵公園から眺めた師走の金沢市街地。年の瀬を迎えると各家庭では正月準備が始まる

大野醤油

発酵食文化を「体験」を通して次代へ伝える

江戸時代から明治にかけて北前船の寄港地として栄えた金石・大野地区。その歴史は古く、奈良時代の記録に「大野郷」の名が見られ、千年以上も前から海の玄関口として賑わっていたという。大野で醤油づくりが始まったのは約400年前。甘めでうまくちの「大野醤油」は刺し身や寿司をはじめ魚料理によく合うのが特徴。最盛期には60軒以上の醤油メーカーがあったが、後継者不足などで廃業が相次ぎ、現在、営業しているのは10軒を下回っているという。

大野新橋そばの大きな煙突が目印の「ヤマト醤油味噌」は明治の末、1911年の創業。初代は北前船の船乗りで、2代目となる息子とともに醤油製造を始めた。3代目が味噌づくりを始め、当代である4代目は甘酒やドレッシング、つゆなどの加工品の製造を開始。多彩な商品は、日常づかいはもとより、贈答品や土産物としても好評だ。

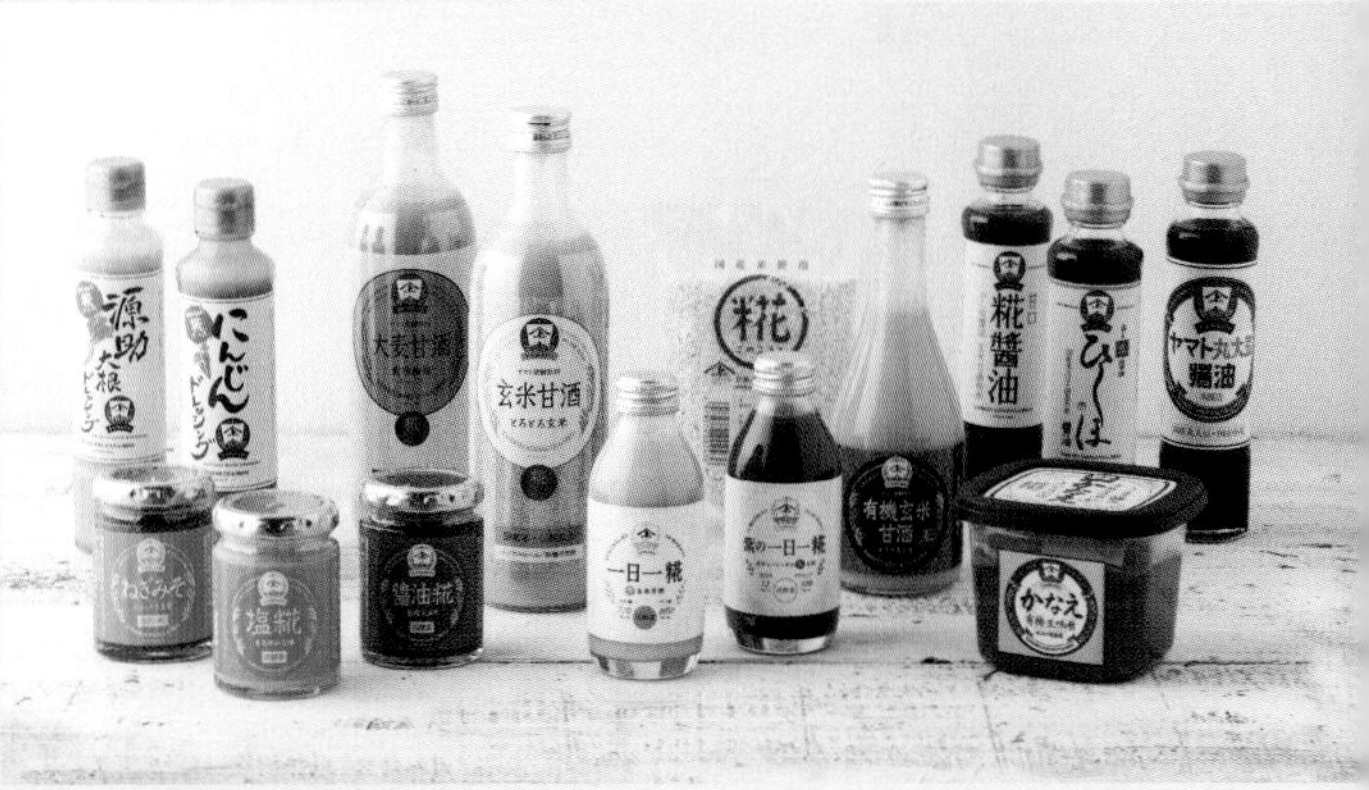

醤油や味噌のほか、甘酒やドレッシングもラインアップ

昔ながらの醤油工場の面影を残す

当たり前の「食文化」をつないでいく

ヤマト醤油味噌は本社工場一帯を発酵食文化を発信する「ヤマト・糀《こうじ》パーク」として公開している。ショールームやキッチンスタジオ、「発酵食美人食堂」、チーズケーキ専門店「こめトはな」などを構え、人気の観光スポットにもなっている。

「北陸新幹線の金沢開業を機に、多くの方に発酵食の魅力を体験し、知ってもらいたいとの思いから糀パークを

樽で熟成させることで香り高い醤油や味噌が出来上がる

営業・広報を担当する山本耕平さん。お気に入りの商品は「ひしほ醤油」

スタートしました」と広報担当の山本耕平さん。北陸はもともと、発酵食品が多い土地だが、当たり前だった食文化も次の世代には消えてしまうかもしれない。そんな危機感から糀パークは生まれた。自らが体験することで、その美味しさや健康につながることが実感できる発酵食のテーマパークだ。ちなみに、コウジには「麹」「糀」の漢字があるが、醤油など麦を原料とするものには「麹」、味噌や酒など米を原料とするものには「糀」とヤマト醤油味噌では使い分けている。「糀」は和製漢字で、これも日本の食文化と共に受け継がれてきた一つの文化である。

「ヤマト・糀パーク」では、糀蔵や歴史を感じるスポットをめぐる「糀パークツアー」、「みそぼーる作り体験」、糀を使った料理が学べる「糀部」などを展開。「糀部」では、ふだんの食事で活用できる手軽な料理や味噌づくり、塩

地元の牛乳と自家製の糀を使ったチーズケーキ。ほどよい甘みとコクがある

会員制の発酵食美人食堂®では、発酵食たっぷりの月替わりのランチや味噌汁定食、玄米甘酒カレーを提供

糀部は糀文化を次世代へ伝える「大人の部活動」。甘酒や塩糀づくり、手軽でおいしい発酵食レシピのレッスンなど多彩な活動を展開

糀パークで楽しめる体験プログラム。(上)ヤマトの味噌で作るみそぼーる体験、(右)手がすべすべになる糀手湯(ハンドバス)

商品ルーム「ひしほ蔵」では試食も可能

糀や甘酒づくりなどの教室があり、糀を取り入れた健やかな食生活を提案している。

会員制の「発酵食美人食堂」では、発酵食品と金沢の旬の食材をふんだんに使用した季節の糀料理を提供。目にも美しく、身体に優しい食事やスイーツを楽しみにしている会員も数多い。糀パーク内のチーズケーキ専門店「こめトはな」では、小麦粉の代わりに糀を使った優しい甘みのチーズケーキが好評。注文を受けてからキャラメリゼして提供する「ブリュレ」はパリパリの表面としっとり濃厚なチーズのハーモニーが楽しめる。

世界を目指して

醤油の国内消費は人口減の影響で残念ながら下降傾向だが、海外での消費は右肩上がり。糀パークを訪れる外国人も増えている。現在も輸出は行っているが、今後、その比重を拡大していきたいと考えている。昔ながらの手づくりを生かしながら、世界基準をクリアしたオーガニックな醤油づくりを計画中だ。水の性質に左右される醤油は、その土地ならではの味があり、どこでも同じようにできるものではない。大野の醤油の魅力を世界に向けて発信していくことも使命であると、百年企業が、また新たな大海原へ漕ぎ出そうとしている。

（写真提供：株式会社ヤマト醤油味噌）

● DATA

株式会社ヤマト醤油味噌

［住　所］金沢市大野町4丁目イ170
［電　話］076-268-5289
［定休日］水曜（祝日の場合は営業）、年末年始
［営業時間］10時～17時

金城かぶら寿し

特製の糀が素材の持ち味を引き出し、豊かな味わいが特徴。糀がついたまま、切り分けて楽しむ

かぶらずし・大根ずし

ハレの日を彩る、金沢の暮らしに根付く冬のごちそう

金沢では、年の瀬が近くなるとかぶらずしを目にすることが多い。糀をまとったカブラ（カブ）の白とニンジンの赤の色合いが縁起よく、家族が集まるお正月やハレの日のごちそう、お世話になった人へのお歳暮にも好まれる。

かぶらずしを食べる風習があるのは、石川県と富山県の西部地区。金沢では年末になると各家庭で手作りしていたこともあり、加賀藩の伝統料理として伝わる。

かぶらずしは「寿し」と言っても酢飯を使った「お寿司」ではなく、いずし（魚と野菜を糀に漬けて、乳酸発酵させたもの）の一種。塩漬けした輪切りのカブの間に、ブリの身を挟み、糀で漬け込む。安定して発酵する冬が製造シーズンで、じっくりと発酵させることで甘みや酸味、旨み、ほのかな苦味が絶妙のバランスでまとまり、漬け込まれた大根とニシンが優しい味わいを奏でる

現場をまとめている製造部課長中川博由さん。繁忙期は人一倍体調管理に気をつけているという

「大根ずし」とともに県を代表する冬の味覚だ。

前工程がおいしさの鍵

金沢市の四十萬谷《しじまや》本舗では、カブの収穫が始まる11月頃からかぶらずし製造が本格化し、出荷のピークは12月26日から29日にかけてという。

同社では原料からこだわり、カブは、かぶらずし専用に開発された「百万石青首かぶ」を使用。歯ごたえある肉質とカブ特有の香りが特徴で、地元の契約農家から仕入れるほか、自社農園でも栽培している。

糀《こうじ》は、長年付き合いがある富山の種《たね》麹《こうじ》店から仕入れている。ブリはしっかりと身がつき、脂が乗った10キロ前後の国産天然ブリを吟味。

「かぶら寿しづくりは、糀に漬け込むまでの前工程が肝心で、特にカブは重要です」と製造部課長の中川博由さんは話す。カブは最初に塩漬けにし、このときに水分が残っていると酸味になりやすいという。長年の経験による熟練した技術と勘で、塩加減を微調整し、しっかりと水分を抜いていく。

糀漬けまでには、カブのカットや塩漬け、ブリの塩漬けやカット、ブリの

身欠きニシン独特の香ばしい風味と発酵の旨味が楽しめる「大根寿し」

ブリを挟んだカブを隙間なく詰め、その上に
全体に行き渡るように糀を載せる

挟み込み、米と糀を混ぜた漬け床づくりなど多くの工程がある。繁忙期には約40名の社員が工程ごとに分かれて、チームプレーで対応。

カブも、ブリも自然の恵みゆえ、天候により個体差がある。それが味ムラの一因になることもあり、一つひとつの作業の正確さがものをいい、工程ごとの検査を欠かさない徹底ぶりだ。

独自発酵設備で仕上げる

原料の仕込みが終わると、糀に漬け込む。糀の発酵は温度変化に影響を受けるため、同社では微妙な温湿度のコントロールを可能とする発酵庫「平成ひむろ」を導入。発酵に適した一定環境を保ち、一つひとつの素材の美味しさを引き出し、味わいを深めている。

また、この発酵庫は、これまで関わってきた多くの人たちの手仕事と想いを結実させ、毎年変わらない伝統のおいしさと品質を生み出している。

時代や季節を越えた味覚に

先代からの味を守りながら、より多くの人にかぶらずしを親しんでほしいと、時代に合わせた変化も見られる。近年では、しっかりと漬け込み、深く発酵した味よりも、漬け込みが浅いやや甘めの味が好まれる傾向があり、早

温湿度を制御する発酵蔵「平成ひむろ」

夏季限定販売の「金城かぶら寿し 夏糀」。すっきりとした味わい

白山市鶴来にある自社農園「しじまやファーム」

かぶら寿し体験教室の様子、体験を通じて発酵食の魅力を伝える

めに出荷しているという。購入後も発酵が進行するので、深く発酵した味を好む人は、すぐに食べずにしばらく置いておくとよい。思い思いの好みで楽しめるのは、発酵食ならではの魅力だ。

また、夏向けのかぶら寿しも期間限定で販売。「夏に石川へ来たときにも、かぶらずしを食べたい」という声をきっかけに開発に乗り出したそうだ。冬のかぶら寿しより、すっきりとした味わいである。

同社では、手軽にかぶら寿しづくりが体験できる教室を開催している。漬け込んだかぶら寿しは、そのまま持って帰ることができ、自分で漬け込んだ味が楽しめる。詳しくはホームページを参照してほしい。

ハレの日のおもてなしにふさわしい至福の品でありながら、より身近に、より幅広い年齢層に親しまれ、いつの時代も、暮らしに根付く金沢の味覚として、あり続けてほしい。

（写真提供・株式会社四十萬谷本舗）

● DATA

株式会社四十萬谷本舗

[住　所] 金沢市弥生1丁目17-28
[電　話] 076-241-3122
[定休日] 日曜
[営業時間] 9時～18時

イナダ・巻きブリ

藩政期から伝わる伝統食、夏に味わうブリ

脂が乗った寒ブリは、北陸を代表する冬の海の幸。寒さが厳しくなると恋しくなる味だが、夏に食べ頃を迎えるブリがある。脂の少ない、やせたブリを天日に干したイナダだ。イナダは、加賀藩3代藩主前田利常が、夏の保存食として作らせたと伝わる藩政期以降の伝統食。

金沢市の十字屋では創業時（1952年）からイナダを製造し、今では伝統の味を守る県内有数の製造業者である。

妥協のない原料選び

春先、ブリはお腹に子を持ち始め、身の脂が薄くなる。その頃十字屋では、市場と連絡を綿密に取り、脂の少ないブリを探し求める。海水温が低い北陸近海のブリは脂があるため、鹿児島など南の方の海で水揚げされたブリを仕入れることが多い。

少しでも脂があると、干している間に脂が吹き出してきて表面を覆う。それが皮膜となって中側までしっかりと干せない。同社では、発注前にサンプルを取り寄せ、実際にお腹を

イナダ（左）
脂の少ないやせたブリを天日に干したイナダ。そのままはもちろん、お酒を少しふって食べてもおいしい

巻きブリ（右）
イナダよりも塩気があり、しっとりした舌触りが特徴。やわらかい風合いから「海のハム」とも呼ばれる

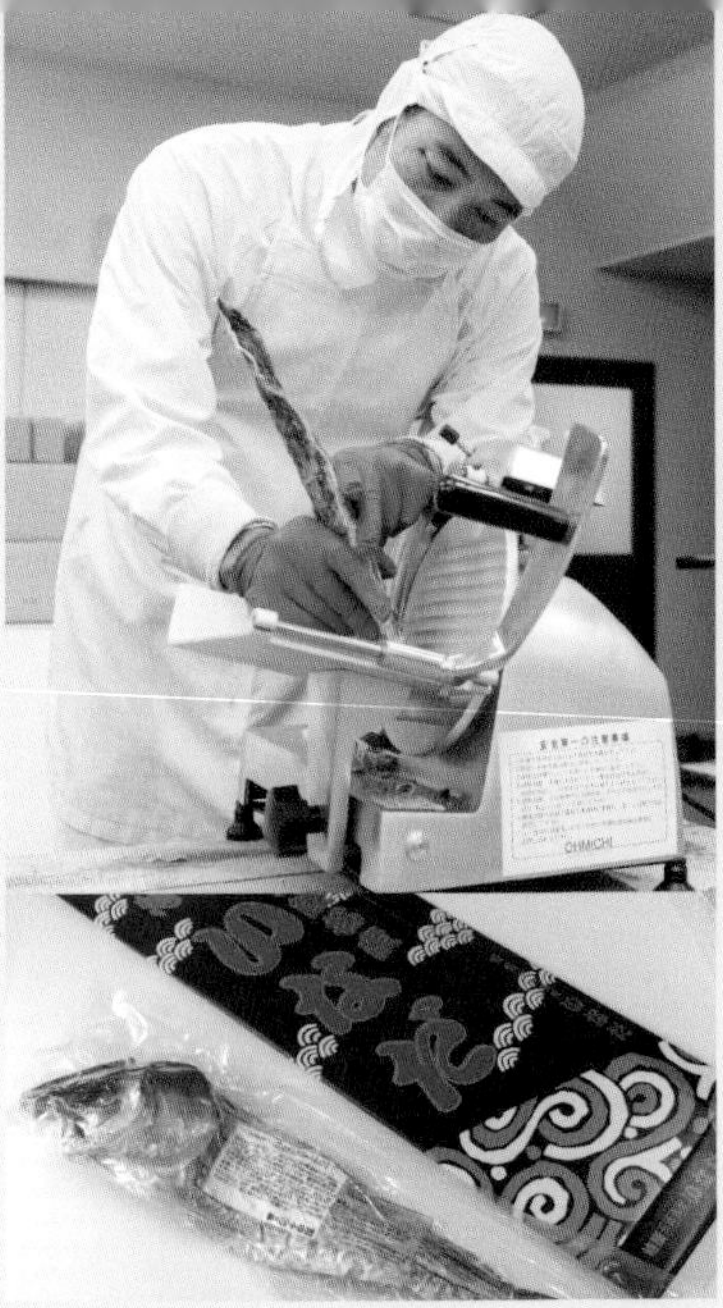

棒状に切って干したイナダはスライスして包装される。丸々一匹を干したイナダもあり、贈答用に好まれる

工場の屋上で天日干し。毎日背を伸ばしながら乾燥具合を確認。仕上がりの見極めは、表面の硬さと身の弾力と香り

開いて選別している。製造部長の辻中儀宣さんは、先代会長から指導を受けた目利きで見極めるが、何十年経っても難しさを感じるという。

仕入れたブリは塩漬けし、約2カ月天日に干す。1日干して、冷蔵庫で2日ほど寝かす、この作業を繰り返す。冷蔵庫に入れると、干して硬くなった表面がやわらかくなる。そうすることで腐らせることなく、じっくりと中まで乾燥でき、旨みも浸透していく。見極めてブリを仕入れるものの、脂がある場合は巻きブリに使用している。巻きブリは、同社では身を開き、尾を上にして吊るして干す。次第にポタポタと落ちてきた脂が表面を覆い、しっとりと発酵し、ハムのようなやわらかさになる。

自然に寄り添って守り続ける

イナダや巻きブリが販売されるのは毎年7月頃で、お中元として買い求める人が多い。2022年は気象の変化によりブリが手に入らず、やむを得ず製造を断念。自然に寄り添う珍味で、毎年夏になると「今年はあるの？」という声が必ずあるそうで「手間がかかり、選別も難しいけれど、うちが守っていかないといけない」と辻中さん。この先も多くの人に届いてほしい。

● DATA

株式会社十字屋

［住　所］金沢市利屋町り34（本社売店）
［電　話］076-258-1470
［定休日］無休
［営業時間］9時30分～18時

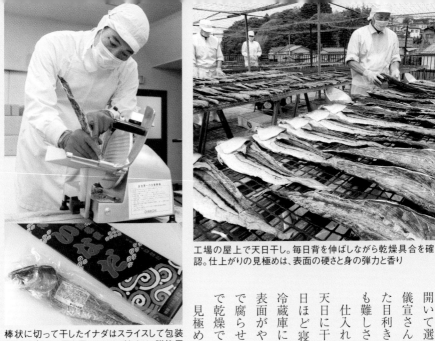

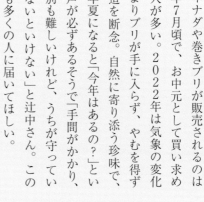

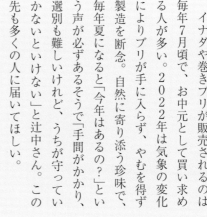

ブラッターチーズ
賞味期限は2〜3日と鮮度がものをいうチーズ。作り立てのフレッシュな味が楽しめる。期間限定で、酒粕やトリュフ入りなども販売

フレッシュチーズ

作り立てを直送、地元工房がつくる本格派チーズ

真っ白な巾着《きんちゃく》の表面にナイフを入れると、モッツァレラチーズと生クリームがトロンとあふれ出す。イタリア発祥のブラッターチーズは賞味期限が短く、本物の味を楽しみに現地に行く人もいるほど。そんなフレッシュなチーズが金沢でも味わえる。

本格的なイタリアンのケータリングサービスやオードブル、お弁当の販売を手掛けるマガジーノ38が、地元の生乳を使用して自家製チーズを製造・販売する。ブラッターチーズを中心に、モッツァレラチーズ、リコッタチーズなどがそろう。

他にはないチーズをつくりたい

イタリア料理店で腕を磨いた代表取締役中村一貴さんと、イタリアでチーズづくりを学び、現在チーズ責任者である小西亮輔さんは、マガジーノ38の開業当初からチーズ工房を持ちたいというビジョンがあった。イタリアのレストランでは、店内で自家製チーズをつくって提供していて、「自分たちも、他ではできない既製品をつくりたい」と、さまざまな壁を乗り越え、2000年にチーズ工房が完成した。

カードと呼ばれるチーズ片に熱湯を入れて生地をつくる。このカードの出来具合によってチーズの質が決まる

柔らかくなったカードを少しずつ伸ばす。同店のブラッダーチーズは袋の薄さが評判で小西さんならではの業

この手で同じ味を届ける

製造は機械に頼らず、手作りにこだわる。乳酸菌を活発に発酵させるための温度管理や、理想の硬さにするためpHの微調整など、機械ではできない調整を手で行っている。商品化まで1年かかり、試行錯誤しながらブラッターチーズに適した硬さと、なめらかさを手に覚えさせていった。

自慢のブラッターチーズは、金沢市内のレストランにも卸し、メニューに華を添えている。パンと一緒に、トマトや生ハムとも相性がよくサラダで楽しむのもおいしい。またオリーブオイルと塩でシンプルな食べ方も格別だ。

「チーズは生き物。生乳は季節によって質が変わることもありますが、いつも同じものを提供していきたい」と小西さんは話す。

作り立ての味が楽しめるのは、近くに工房があるからこその恩典。同店が経営する食料品店「calcolo」（金沢市戸水）でも販売している。

● **DATA**

magazzino38（マガジーノ38）

［住　所］金沢市長土塀2-18-25
［電　話］076-213-5494
［定休日］日曜
［営業時間］11時～19時

金沢の発酵グルメ

とり野菜みそ（かほく市）

石川県では、定番の鍋の味と言っても過言ではなかろう。「とり野菜みそ」は、大豆と米《こめ》糀《こうじ》から作る米味噌に、数種類の調味料や香辛料などを混ぜ合わせた調味みそ。日本人に昔から親しまれている伝統の味噌を、現代に好まれるようにアレンジしている。

鍋以外にも、豚汁や炊き込みごはんとして、炒めものや肉のみそ漬け、パスタにも使える万能調味料で、アイデア次第で楽しみ方が広がる。

協力・株式会社まつや

ヨーグルト（内灘町）

内灘町は、石川県の生乳の一大生産地。河北潟酪農団地が整備され、県内の牛乳生産量の約5割を占め、新鮮な生乳を使用した乳製品が製造販売されている。

生乳を使った発酵食の代表格がヨーグルトだ。同町にあるホリ牧場の生乳からつくられるヨーグルメイトシリーズは、水を一切加えず、酪酸菌を含む17種類の乳酸菌群の力で凝固するまで長時間発酵させる方法を採用。牛乳の風味が存分に楽しめ、健康づくりや腸活に役立つ豊富なラインナップがそろう。

協力・株式会社ホリ乳業

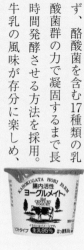

らっきょう甘酢漬け（内灘町）

内灘の砂丘地ではらっきょうが栽培され、町を代表する特産品となっている。燦々《さんさん》と太陽に照らされ、3年の月日をかけて育てたらっきょうは「3年子《ねんご》らっきょう」と呼ばれる。また、真っ白で真珠のような美しい輝きを放つことから、「砂丘の真珠」と名付けて販売している。

一粒一粒手作業で皮を取り、酢漬けした内灘産らっきょうは、シャキシャキとした食感や歯応えが特長で乳酸菌が豊富に含まれる。

協力・まちおこしグループ　おいCまち内灘

キウイワイン（野々市市）

野々市の特産品であるキウイフルーツからつくったワイン。新鮮な水に囲まれて栽培された野々市産の完熟キウイがふんだんに使われ、瓶のふたを開けた途端にキウイの香りが広がる。程よい酸味が上品な味わいで、デザートワインとしてだけではなく、食前酒や和食、白身の魚料理にもよく合う。キウイフルーツ独特の味と香りが楽しめる。

また、野々市産完熟キウイにブドウを加えた「キウイ・グレープワイン」も販売している。

協力・野々市農業協同組合

加賀《かが》

白山市、小松市、加賀市、能美市、川北町

霊峰白山を望み、白山に源を発する手取川が土地を潤す加賀地区。扇状地には美しい田園風景が広がる。清らかな水を生かし、酒や醤油、味噌、酢などの発酵食品の製造が盛んに行われてきた。手取川河口の美川地区などで作られている「ふぐの子《こ》糠《ぬか》漬け」は石川にしか無い逸品だ。

白山市鶴来地区。加賀一ノ宮として崇敬される「白山比咩神社」のおひざもとで、古い商家が軒を連ねる風情のある街並みが残る。杉玉をつるした酒蔵や糀の専門店などを訪ねながら街歩きを楽しみたい。

菊姫酒造
姫酒造
菊姫
菊姫
菊姫
菊姫
菊姫

「くどい」が恋しい〝こんかにしん〟

水橋 文美江 脚本家

米糠漬けはイワシやニシン、フグなどを糠に漬け込む保存食品。発酵作用によって生まれる独特のうまみは、ご飯のお供、酒の肴（さかな）に最適だが、アンチョビーにも似た風味は、パスタやピザなどイタリア料理にアレンジされることもある。写真はこんかいわし

水橋 文美江（みずはし ふみえ）
1964（昭和39）年、金沢市生まれ。97年、橋田壽賀子新人賞受賞。脚本作品にドラマ「夏子の酒」（94年）、「ホタルノヒカリ1、2」（2007年、10年）、「つるかめ助産院」（12年）、朝の連続テレビ小説「スカーレット」（19～20年）、「#リモラブ」（20年）、映画「冷静と情熱のあいだ」（01年）など。北國新聞に「いくつになっても」、季刊北國文華に「恋なんて、するわけがない」を連載。東京都在住。

「ねぇ、アレは」

　母がまだ元気だった頃、東京から金沢に帰ると、私の好きなものを食卓に並べて待っていてくれた。「ほら、東京ではこんなん食べれンやろ」と新鮮なお刺身、甘エビや香箱《こうばこ》蟹《がに》など地元産のものが多かった。それらと母の手作りの惣菜《そうざい》に舌鼓《したつづみ》を打ちつつ、私は決まって、最後にリクエストしたものだ。「ねえ、アレは」「あぁあるよ」「やったァ」

それは、〝こんかにしん〟だ。〝こんか〟とは〝米糠《こめぬか》〟を〝こぬか〟といい、そこから〝こんか〟となまったものだと言われているらしい。つまり〝こんか〟は金沢の方言でぬか漬けのこと、〝こんかにしん〟とは鰊《にしん》のぬか漬けである。鰊以外にも、鯖《さば》・鰯《いわし》・ふぐ・鰤《ぶり》などがある。

そのまま食べてもいいが、私は軽く表面を火で炙《あぶ》る。ぬかの香ばしさが部屋に充満し、ますます食欲をそそる。そうしてほんのり柔らかくなったところで、ぬかに包まれていた鰊を取り出し、細かく砕いて、あるいは薄くスライスし、あったかご飯の上にのっけて食べる。かなりしょっぱくて濃い味。金沢の方言で、くどい。だからこそ、ご飯がすすむ。なんともいえない独特の美味である。あの頃、〝こんかにしん〟でご飯を2杯も3杯もお代わりする私

薄くスライスしたものをご飯に乗せ、お湯を注ぐと出汁のきいた絶品のお茶漬けができる。写真はサバのぬか漬け

こんか漬けを仕込む木樽が三つ、四つと重ねられた蔵。静かに、そして着実に発酵が進んでいく
（協力・白山市の任孫商店）

を、母はニコニコと嬉《うれ》しそうに眺めていたっけ。

いつか息子と飲みながら

しかし考えてみれば胡瓜《きゅうり》や茄子《なす》のぬか漬けならともかく、魚のぬか漬けなんて、子供の頃はあまり好んで食さなかった。なのにどうしてだろう、東京に出てからというもの、思いが募るのだ。今は嗜好品《しこうひん》として扱われているが、昔、魚が獲れない時期に（どうやって魚を食べるかと）考えられた保存食だと聞いたことがある。冬の長い北陸ならではの食べ物であることが、私の故郷への思いをくすぐるのか。あるいは東京のスーパーでは売っていないからか。恋愛と同じ、手に入らないと思うと、手に入れたくなるのか。

さてこの〝こんかにしん〟、酒のつまみにも最適なのは言うまでもない。いつの日か息子が大人になったら、金沢の酒を飲みながら一緒に〝こんかにしん〟をつまみたい。ささやかな一つの夢である。もちろん締めも〝こんかにしん〟のお茶漬けといきたいものだ。

『愛蔵版 石川・富山 ふるさと食紀行』（2013年発行）のエッセーを再録しました。

ふぐの子糠漬け
フグの卵巣の糠漬け。
深みのある独特な味わいで
まろやかな塩辛さが食欲をそそる

ふぐの子《こ》糠《ぬか》漬け

猛毒をも消す、先人が生み出した石川県の奇跡の珍味

石川県の港町では、イワシやサバなどの魚を糠漬《ぬかづ》けにする食文化がある。長期保存でき、暑さにも強い特性から、かつて日本海を航行する北前船に糠漬けを桶ごと積み込み、寄港地で発展したという説もある。

寄港地の一つである白山市の美川漁港周辺は、フグの糠漬けの産地。中でも珍味と称されるのがふぐの子の糠漬けで、「ふぐの子」とはフグの卵巣を呼ぶ。

フグの卵巣にはテトロドトキシンという猛毒が含まれるが、塩漬けと糠漬けの発酵の力で毒素を抜く。これは江戸時代から200年以上も続く技法で、大学の先生がそのメカニズムを研究するが未だ解明できないという。海の幸を余すことなく食べようとした先人たちの知恵が発端だろうか、まさに奇跡の珍味といえ、石川県だけが調理することを認められた伝統食である。

江戸時代から現代へ

白山市美川永代町の任孫《とうまご》商店では、江戸後期からふぐの子の糠漬けを製造し、今も同じ技法が用いられている。フグは日本海を北上し、5月下旬から6月下旬にかけて水揚げされる。任孫商店では、主にゴマフグを使用し、仕入れたらすぐに内臓を出して卵巣を塩漬けにする。毎年この時期に1年分のふぐの子を仕込む。翌年2、3月に、塩漬けしたふぐの子を木樽に移し、米糠と麹《こうじ》、いしるで漬け込む。糠漬けの期間は2年以上。その間にさまざまな菌が発酵し、じっくりと旨みのある味わいに深まっていく。

その年の漁獲量にもよるが、1年間で漬け込む樽の数は約100個。当然、置くスペースが必要で、任孫商店ではかつて北前船時代の倉庫だった建物を蔵に使用している。その数は10戸。築200年以上のものもあり、先代が残してくれた財産が、伝統技法を継承する大切な術となっている。

ふぐの子は、漬け込みの期間と糠漬けで使ういしるによって味が決まり、店ごとに異なる。任孫商店では、イワシを塩漬けにした時に出る上澄みを発酵させた自家製のいしるを使用している。季節が変わっても常に塩分濃度を一定に保ち、塩分が濃ければ、白山の伏流水を加えて調整している。

蔵には3段に積まれた木樽が並び、どの樽も上部までなみなみといしるが注がれ、ふぐの子の乾燥を防いでいる。毎日全ての樽を確認し、減っていれば注ぎ足す。夏場は、特に欠かせない大切な仕事だ。

木樽を3段に積むのにも理由がある。重石《おもし》の役割を担っているが、一番上の樽は、どうしても漬け込みが浅くなり、1年に1回積み替えているとい

霊峰白山を源とする伏流水に恵まれた美川地区。任孫商店の加工場でも伏流水が利用されている

美川漁港の周辺を歩いてみると、木壁の建物が目に入る。北前船時代の倉庫で、現在は糠漬けの蔵にも使用されている

江戸時代に建てられた蔵の中には、
木樽がぎっしりと並ぶ

糠漬けされたふぐの子

出荷前に樽をひっくり返し、2日間かけて水分を抜く

いしるが減っていれば樽の隙間から注ぎ足す。樽には赤カビが付着する

うから驚きだ。毎年、夏のはじめになると一つ15キロ以上もある樽を積み替え、漬け込み具合を均一にしている。

この木樽も、重要な働きをしている。木は呼吸するため、微生物の発酵を促し、漬け込む間にさまざまな発酵菌が繁殖する。中には100年以上使用する樽もあり、周りに赤カビができたら、おいしくなったサインだとか。同様に、創業時から使用する蔵の天井や壁にも多様な菌が棲みつき、蔵を大切に補修し、代々から受け継ぐ菌の力を今に活かしている。

新しい客層にも届けたい

ふぐの子は漬け込むほど、まろやかな旨みと、発酵食特有の濃厚な糠の香りが深まっていく。食べるときは、周りについた糠を落とし、ご飯のお供やほぐしておにぎりの具に。お酒のアテとして楽しむ時には、薄くスライス。

軽く火であぶれば、香ばしさが増す。アンチョビーの代わりにペペロンチーノにと、パスタに加えてもおいしい。ピザのアクセントにもなり、楽しみ方はさまざまだ。

　また、石川県ならではの珍味として、お中元やお歳暮など贈り物に重宝され、特に県外の人に喜ばれている。毎年購入する根強いファンも多い。

「200年以上続く昔からの味を変えない。そのために、昔からの材料や道具を使って、毎年決まった時期に同じ作業を行う。昔からやってきていることを頑なに守り続けています」と6代目の任田吉孝さんは話す。

　気象変動により、フグの漁獲時期が少し早くなってきているが、柔軟に対応し、仕入れたらすぐに塩漬けに。糠漬けの時期は決して変えない。どんなに暑さが厳しくても、いしるの塩分濃度を保ち、樽の中をいっぱいに満たす。自然に寄り添い、日々丹念な管理を怠らない。そんな勤勉さが伝統の味を今に伝えている。

　ふぐの子の糠漬けは、真空パックになって販売されているが、手を汚さずに、もっと食べやすい形態を求めて、瓶詰め商品が開発された。保管しやすく、ちょうど食べ切れる容量もうれしい。瓶詰め商品は常温保存が可能で、これまでのスーパーマーケットのほか、雑貨店やお土産店などでも販売でき、販路拡大が期待できる。

　藩政期から伝わる唯一無二の石川県の珍味が、新しい装いとなってもっと多くの人に届き、その魅力を存分に知ってもらいたい。

伝統の味を守りながら販路の開拓に力を入れる任田吉孝さん、ふぐの子のブランド化を目指す

ほぐしたふぐの子が瓶詰めになった「子福」。写真はプレーン味で、今後はシリーズ商品の販売も計画中

● DATA

任孫商店

［住　所］白山市美川永代町甲27
［電　話］店舗076-278-7000
　　　　　工場076-278-4011
［定休日］水曜
［営業時間］9時～17時30分

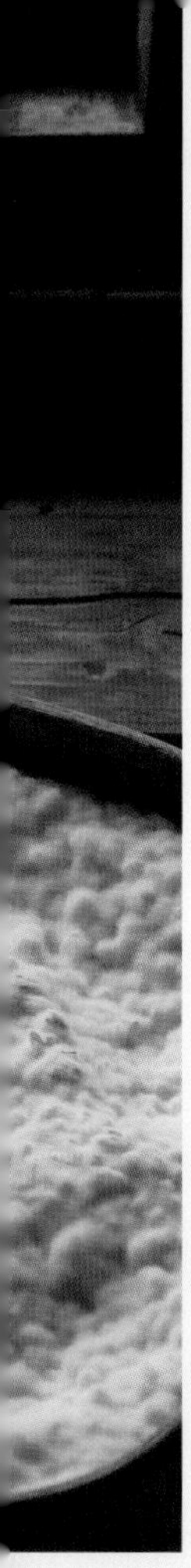

米糀《こめこうじ》

古《いにしえ》から日本の食生活を支えてきた発酵食の源

かぶらずし、大根ずし、こんか漬け（糠漬け）と、石川県は「発酵王国」と呼ばれるにふさわしく、独自の発酵食が多彩にある。そのような発酵食に欠かせないのが糀だ。糀とは、米や大豆、麦などの穀物に麹菌《こうじきん》を繁殖させたものである。

石川県では、蒸した米に麹菌を繁殖させる米糀が多く使われ、日本酒や味噌などおなじみの食品に加え、かぶらずしや大根ずしでは、漬け床として使われている。

白山市鶴来は糀づくりが盛んだった町で、現在3軒ある糀製造店も、最盛期には8軒が商いをしていたという。聞けば、霊峰白山を源とする伏流水が醸造に適しているとのことで、鶴来には酒、醤油、酢などの醸造業が集まり、糀製造が栄えたのも納得できる。

伝統を守る、地下石室で発酵

創業180余年、武久商店は江戸時代から続く老舗糀店。全国的にも珍しい地下の石室《いしむろ》で糀をつくる伝統的な製法を継承する糀製造店だ。

10月、糀づくりは新米の収穫時期に始まる。同店では地元農家直送の減農薬米を使用している。米を洗って蒸し、その後、粗熱がとれたら、麹菌をまいて、地下の石室で一晩寝かす。4日間かけて糀はつくられる。

囲炉裏を備えた藩政期の建物を残している

麹菌の発酵に適した温度は37～38度、湿度は約80％。地下にある石室は外気の影響が少なく、温度が急激に下がらず一定温度を保ちやすい。また、保温状態が長く続く特徴があり、糀づ

米糀
蒸した米に麹菌をまいて発酵させる。米のくぼんだ部分は、麹菌の通り道。発酵しやすいように、あらかじめ人の手でつくっている

くりに適している。一方、湿度はワラを編んだふた「折《おり》ぶた」で調整しているという。折ぶたに水分を含ませ、それを米糀を敷き詰めた折にかぶせて、湿度を保っている。

米糀を敷き詰める折も、ワラで編んだ折ぶたも、今ではそれらをつくる職人が減少し、貴重な財産。明治時代につくられた折もあり、同店の糀づくりとともに歴史を刻む。

時代が変わり、どんなに文明が発達しても、6代目店主の武《たけ》外喜男さんは、昔ながらの道具を大切に使い、労を惜しまず、地下室に折を上げ下げ

ワラを編んでつくる「折ぶた」、能登地区の職人につくってもらっているという

し、伝統の製法を守り続けている。

　醸造業には「家つき酵母」という言葉がある。同じ場所でつくり続けることによって、多様な菌が棲みつき、発酵を促すことを示す。同店の石室にも創業時からの菌が棲みつき、糀づくりの守り神となっている。武さんが石室でつくり続ける理由は、ここにもある。

同じものはできない

　米糀を石室で一晩寝かせ、翌朝、折ぶたをとった時に、真っ白な産毛が「フワッ」としていたら、納得のいく出来映えだという。毎回同じやり方でつくっても、武さんにはわかる些細な違いがあるそうだ。

　同じ農家から仕入れた米でも、天候や収穫時期の違いによって性質が違い、水分の吸収力が異なる。数値的に調整しても予想通りにならず、一回一回が勝負。決して、同じものはできな

「明治16年」と製造年が書かれた折

照明だったろうそく立て

高く積まれた折。注文が多い時は一度に100折を使うことも

石室の入り口。武さんはここを何度も昇り降りする

発酵した糀は、折を立ててもくずれ落ちない

お客さんとの関わりを大切して、「伝統を守りながら、新しいものも取り入れていきたい」と話す店主の武外喜男さん

いという。家業を継ぎ約10年。「こうした方がいい、ああした方がいいと試行錯誤しながらやっていますが、10年ぐらいじゃ分からないですよ」と奥深さを話す。

使い道は多彩

かぶらずしや味噌づくりでは、糀が変わると味に影響がでるため、毎年武さんがつくる糀を心待ちにするお客さんが多い。北陸だけでなく、東京や千葉など関東にも直販し、それぞれに楽しんでいる。

糀の使い道は多彩だ。米糀を使って甘酒をつくり、それを砂糖代わりに卵焼きに入れるとおいしい。甘酒は炊飯器で簡単につくれるそう。また、塩糀をつくって、生鮭や肉を漬け込むなど、武さんは客から聞いた糀の使い方をレシピにまとめて、さらに新しい客に伝えている。

甘酒を口にした若い人から、「日頃食べている甘さと甘味が違う」という共通の感想が寄せられるとのこと。甘酒の甘みは、糀の力によって醸し出された米の甘み。砂糖不使用、素材がもつ自然の甘みだ。味覚が多様化する中で、初めて味わった甘みだったのであろう。

糀の歴史は古く、食品の保存性を高め、貴重な栄養源として日本の食生活を支えてきた。一時期、塩糀ブームがあったが、一過性のものではなく、糀は人々の生活と結びつきが深い。「もっと多くの人に発酵食の魅力を知ってもらって、取り入れてほしい」と武さんは熱っぽく話す。

欲しい分だけ量り売りしている

●DATA

こうじ きぬや 武久商店

[住　所] 白山市鶴来本町1丁目ワ102
[電　話] 076-272-0117
[定休日] 火曜（10月〜3月は無休）
[営業時間] 9時〜17時
※糀の販売は10月〜3月までの期間

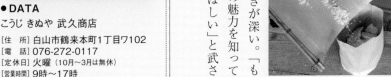

1 4 **ソシソン セック** 表面に白カビをまとわせ熟成させたサラミ 2 5 **チョリソ セック** 唐辛子を効かせたスパイシーなサラミ 3 **ポワトリーヌ セッシェ** 豚バラを発酵・熟成させた熟成生ベーコン

シャルキュトリー

食肉加工職人が魅せる、発酵の力を活かした加工肉

微生物を活用する発酵の製法は、石川県では魚や野菜の加工でなじみがあるが、食肉でも取り入れられている。加工肉の製法は加熱と非加熱に大別され、発酵は非加熱の食肉製造において用いられる。

文字通り、熱を加えず、生肉の状態から安全に食べられるようにするために、菌を添加。そして、じっくりと水分を抜きながら、肉の旨みを引き出す。その製法でつくられる代表製品がサラミと熟成生ベーコンだ。

食肉の非加熱製造にはもちろん、菌の繁殖や腐敗などの知識が必要である。発酵を含め、食肉加工の専門的な知識と技術を持つ職人を「シャルキュティエ」と呼ぶ。日本ではまだ数が少なく、あまりなじみのない呼び名だが、能美市で活動する職人がいる。

保存性を高め、旨みを引き出す

シャルキュティエの竹友雄三さんは、2013年に能美市の山里で「シャルキュトリー　ガリビエ」をオープン。シャルキュトリーとは、フランス語で肉の加工品を意味する。

竹友さんは、もともとはフレンチの料理人を目指していて、本場フランスの店舗で働いていたときに食肉加工と出合う。フランスでは料理と肉加工が分業していて、竹友さんは食肉の保存性を高めながら、旨みを引き出す仕事の奥深さに惹かれ、日本で専門店を持ちたいと思い、里山の緑に恵まれた能美市に出店した。

ソーセージやハム、サラミ、パテなど、同店のショーケースには、フランス仕込みの竹友さんが丁寧に作り上げた製品が並ぶ。

数ある食肉製法の中でも、非加熱による製法は細心の注意が必要だ。特にサラミは生肉をミンチにするため、菌が入ることもあり、それを防ぐために乳酸菌を加えている。乳酸菌は発酵するとpHが酸性になり、食中毒の原因となる細菌の増殖を抑える効果がある。ミンチ肉を腸に詰めてぶら下げ、約3週間かけて水分を抜きながら熟成。じっくりと旨みが深まっていく。

また、白カビを利用するサラミもある。表面に白カビをまとわせて発酵させることで、赤カビや青カビといった食中毒を引き起こすカビの繁殖を防ぐ効果がある。カマンベールチーズに見られる製法だ。

納得できる味を追求

一方、熟成生ベーコンは塊肉のため、乳酸菌を添加しないで発酵させているという。もともと豚の体内に付着していた乳酸菌や、自然界には目に見えない多くの乳酸菌があり、それらを利用しているとのこと。塊肉を1カ月

客が「足を延ばして、買い求めにきてくれる場所」での開業を希望し、能美市の山里を選ぶ

手際よくサラミの仕込みをする竹友さん、熟成させると水分が抜け、半分の太さになる

サラミのミンチを詰める豚の腸

熟成生ベーコンの袋は豚の盲腸を使用。水分が抜け、肉が縮んでもよく密着する天然素材を選ぶ

熟成庫に吊るされた熟成生ベーコン（上）とサラミ（下）。温湿度を一定に保ちながら、時々、場所を変えて風を送る

広島出身の竹友雄三さん。能美市で念願の店を持ち約10年。「この場所は気に入っています」

塩漬けした後、約5カ月間熟成。シンプルな製法に思えるが、熟成は温湿度管理が肝となる。竹友さんが修業したフランスは高温低湿・低温高湿。日本は高温高湿・低温低湿で温度の高低で湿度は真逆になる。当然フランスでやっていた手法ではうまくいかず、温湿度を制御する熟成庫を導入して、納得できる味を追求した。

菌の働きを活用して熟成させた食肉は、保存性や安全性を備えるだけではなく、肉の風味が引き立つ。熟成生ベーコンのなんとも言えない芳しい香りがそうで、長い熟成から発する「熟成香」と呼ばれる。職人の技により、独特の香りと旨みが見事に引き出されているのだ。

贈答用に人気のギフトセット

待っているお客さんに応えたい

竹友さんが手塩をかけてつくった製品は、店舗と自社サイトで購入できる。食肉加工の職人がつくるクオリティーの高さから、口コミで評判が広がり、全国から注文が寄せられている。

長ければ5カ月と、食肉加工品は仕込みに時間を要するので、「常に充実した品ぞろえで、楽しみに買いに来てくださるお客様に応えたい。ただそれだけです」。そう話す竹友さんは、来年の仕込み計画を頭の中に描きながら、工房に立つ。

現在、熟成生ベーコンとサラミはそれぞれ3種類を販売。ソーセージやハムに比べ、嗜好性の強い製品のため、開発には専門性が問われるが、「今後は、もっと種類を増やしていきたい」と話す。発酵の力を活用して、次はどんな味覚を提供してくれるか楽しみだ。

(写真提供：シャルキュトリー ガリビエ)

● DATA

シャルキュトリー ガリビエ

[住　所] 能美市徳山町ヤ55-1
[電　話] 0761-58-2013
[定休日] 火曜・水曜
(木曜定休の月もあり)
[営業時間] 10時～18時

加賀の発酵グルメ

こんかいわし（白山市）

「こんかいわし」とは、イワシの糠《ぬか》漬《づ》けを示す。石川県では昔から食べられている発酵食で、「米糠」を「こぬか」と言い、そこから「こんか」となったと伝わる。イワシを塩と糠で漬け込み、魚の取れない時期に何とかして食べようと、先人が生み出した保存食だ。

食べるときには糠を少し落として、身を細かくほぐす、またはスライスして温かいご飯の上に。お酒の肴にも最適だ。グリルで軽くあぶると香ばしさが増し食欲がそそられる。

協力・任孫商店

金城納豆（白山市）

「金城納豆」は白山市の納豆メーカー、金城納豆食品が製造する商品で、県内のスーパーで見かけるおなじみのパッケージだ。

同社は、地元白山の伏流水を使って、石川県産大豆をふっくらと炊き上げ、石川県の素材にこだわった数々の納豆を製造する。近畿大学との共同開発により、能登半島上空３０００メートルで採取した納豆菌を使用した「そらなっとう」や、納豆が苦手な人にも食べやすくなっている「納豆ふりかけ」といったユニークな商品もある。

協力・株式会社金城納豆食品

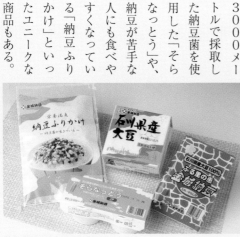

金沢百万石ビール（川北町）

川北町の農業法人わくわく手づくりファーム川北が、自家製の原料を使って作った地ビール。手取川の扇状地に広がる川北町は米どころ。地元の休耕田を利用して、転作作物として広く栽培されている六条大麦を原料にしている。

水田で生育したコシヒカリを使った「コシヒカリエール」、ホップの苦みが効いた「ペールエール」、濃色麦芽の苦みと豊かな風味の「ダークエール」があり、飲み比べるのも楽しい。

協力・農業法人有限会社わくわく手づくりファーム川北

加賀の紅茶（加賀市）

加賀市打越地区で摘まれた緑茶の葉を使用した和紅茶。県産茶葉を活用した特産品をつくろうと、打越製茶農業協同組合と石川県茶商工業協同組合が共同で開発した商品だ。緑茶品種の茶葉のため、和風の甘い香りが広がり、米飴《こめあめ》のようなほんのりとした甘みと香ばしさ、清々しい後味が特長だ。

毎年販売数が限定され、石川県茶商工業協同組合に加盟する茶店と打越製茶農業協同組合で取り扱っている。

協力・打越製茶農業協同組合

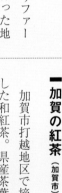

発酵食を食べる

加賀

薬膳おうちごはんCafe 日穏《にのん》（能美市）

目にも美しく、心も体も元気に デトックスランチ

薬膳をベースに小麦粉、肉、乳成分（チーズは発酵食として使用）を使わず、発酵食やローフードを主体に、「心と身体が喜ぶごはん」を提供する日《に》穏《のん》。ローフードとは、加熱処理をしていない生の野菜や果物などを示し、生で食べることで、熱に弱い植物の酵素や栄養素を効果的に摂れる食のスタイルだ。

ランチの「薬膳ごはん」は、野菜中心の約10種のメニューが並ぶ。有機栽培や無添加の食材を使用し、「人参とビーツの平春雨の赤いきんぴら」「エビとブロッコリーとくるみのお豆富チーズヨーグルトサラダ」など、手の込んだメニューが2、3週間で替わる。

また、砂糖やバターを使わないロースイーツもあり、デザート付きランチセットも人気だ。

「難しい薬膳でなく、家で食べる食事のように穏やかな時間を過ごし、身体の中からきれいになってリフレッシュしてほしい」。そんな願いが込められた料理が楽しめる。

酵素たっぷりで、体にやさしいロースイーツ

● DATA

薬膳おうちごはんCafe 日穏

［住　所］能美市松が岡5丁目70
［電　話］0761-27-0267
［定休日］日曜・水曜・木曜
［営業時間］11時30分～17時（ランチは予約制）
※カフェタイム（15時～17時）は月曜・土曜のみ

プレートいっぱいに小鉢が並ぶ「本日の薬膳ごはん」

「無添加麹KAGA発酵おにぎらず」日替わりメニューはインスタグラムをチェック

無添加発酵オーガニックカフェ
加賀さんまるしぇ（加賀市）

4種類の自家製麹使用 日替わり腸活おにぎらず

加賀市の総合複合施設「でぽるたーれKAGA」内にある「加賀さんまるしぇ」。同店は「〝細胞喜ぶ〟身体にやさしいおいしさを」をコンセプトに、オーガニックや無農薬、特別栽培、自然栽培の素材を取りそろえたメニューを提供するカフェだ。

中でも、人気なのが「無添加麹《こうじ》KAGA発酵おにぎらず」だ。米は契約農家が栽培する無農薬コシヒカリ（5分づき）を使用。具材には、無添加麹を使って手作りした4種類（塩麹、醤油麹、味噌麹、タマネギ麹）の自家製麹が使われている。きんぴらなら醤油麹、ハンバーグならタマネギ麹と具材に合わせて選び、具の種類は50以上。毎日メニューが替わる。

同店はもともとはソフトクリーム店だったが、施設運営会社のオーナーが体づくりの一環としてカフェへと発展させ、スポーツフードアドバイザーが具材のメニューを考案。体に優しい素材を使用し、ごはんとおかずがバランスよく食べられると、毎日完売するほどの人気ぶり。2階にはイートインスペースも設けられている。

塩麹を使ったお米の焼き菓子やマフィンも販売

● DATA

無添加発酵オーガニックカフェ
加賀さんまるしぇ

［住　所］加賀市加茂町ハ421
［電　話］050-1745-6893
［定休日］不定休
［営業時間］月曜～金曜11時～19時
土曜・日曜・祝日10時～18時

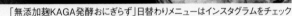

■シェアキッチン&カフェ 木楽屋《きらくや》（加賀市）

自家製発酵調味料が味を深める 体が喜ぶ発酵食ランチ

この日のメインは、トマトきのこソースのハンバーグと鮭×酒グラタン

加賀フルーツランドの近くにある「木楽屋」は、自家製の発酵調味料を使用した発酵食ランチが楽しめるカフェ。土日のみという限られた営業であるものの、リピーターの客で予約が埋まることもある人気店だ。

お目当ての「木楽屋ランチ」は、玄米ごはん、味噌汁、メイン、副菜約6種のセット。メインメニューは2種類から選べる。

玄米ごはんは米からこだわり、加賀産の無農薬・減農薬米を使用。味の決め手となる調味料は、糀《こうじ》を使って一から手作りしている。塩糀、タマネギ糀、味噌などの定番に加え、柚子胡椒《こしょう》、キムチといった季節の調味料もあり、6、7種類を常備。旬の食材に合わせてメニューを考え、発酵調味料を使って、味をまとめている。店主の山本豊子さんは金沢の発酵食大学で学んだ後、同店を開業。「手をかけなくても、この調味料が素材の味を引き立て、旨みを深めてくれるんです」と魅力を話す。

ランチには沖縄産黒糖を絡めたクルミがつき、食後のコーヒーにぴったりだ。

自家製発酵調味料の数々

● DATA

シェアキッチン&カフェ 木楽屋

［住　所］加賀市深田町ユ72-11
［電　話］080-3041-4138
※月曜〜金曜の18時以降
［定休日］不定休
［営業時間］11時30分〜15時（予約制）

ノース白山（白山市）

生きた酵素たっぷり
伝統の発酵食を現代風にアレンジ

2014年に白山麓に移住して、発酵食に魅せられた夫婦が一つひとつ手作りする発酵食品が「ノース白山」のオンラインストアで購入できる。

160年も前から続く伝統の発酵技術を受け継ぎ、手作りした糀は体に必要な酵素をたっぷりと含む。

その糀をゆっくりと時間をかけて自然発酵させた「白山麓のしょうゆ糀」は、普段の食事に醤油の代わりとして、にぎり寿司や冷ややっこにのせるだけで、格別なおいしさになると評判だ。「白山麓の糀からつくったソース&ドレッシング」は、サラダや揚げ物、肉の漬け込みにも使える万能な発酵調味料。どちらも加熱処理をしていない生タイプなので、自然の旨みと生きた酵素が詰まり、本物志向の人に人気の発酵食だ。

そのほか、白山麓の糀とコシヒカリを使った「食べる糀甘酒」、食べる糀甘酒とヨーグルトをじっくり発酵させ、3日間かけてつくるマスカルポーネチーズケーキも同店の人気商品だ。

独自の発酵技術を応用してつくったマスカルポーネチーズケーキはシンプルで濃厚な味わい

north 白山

● DATA
株式会社ノース白山
https://north-hakusan.com
[住　所]白山市河内町きりの里40
[電　話]076-259-0355
[定休日]不定休
[営業時間]10時～20時（来店要予約）

同店の商品は、道の駅めぐみ白山（次ページ）でも販売している

食べる糀甘酒

白山麓のしょうゆ糀
2022料理天国100選入賞

白山麓の糀からつくったソース&ドレッシング
無印良品など有名店でも販売実績あり

道の駅 めぐみ白山（白山市）

白山の自然の恵みと伝統技術が生きる発酵食が充実

白山市の国道8号沿い、2018年にオープンした道の駅 めぐみ白山。

コーナーに分かれている地場産品売り場

地元生産者がつくる採れたて野菜や果物、土産品などがそろう地場産品売り場や、直売所の新鮮野菜を使用した手作りの味が楽しめるレストラン、白山市内の観光情報を紹介するコーナーもあり、同市の魅力を発信する寄り道ステーションだ。

地場産品売り場には、白山麓の自然の恵みを活かした土産品「白山百選」や、周辺地域の特産品が豊富にそろい、発酵食品も充実している。

産直加工品コーナー（上）、地酒コーナー（下）

中でも、人気を集めているのが石川県のみで製造販売が許可されている美川産のふぐの子《こ》糠《ぬか》漬《づ》けで、複数の生産者の商品をそろえている。近くにはサバやイワシなどの糠《ぬか》漬《づ》けのほか、白山市の醤油店が醸造技術を活かして醸造する「醸《かも》し漬」も並び、白山の堅どうふを原料にした商品もある。

また、剣崎なんばやクルミなど地元の特産物を取り入れた味噌、醤油店がつくる味わい深い醤油や、種類豊富な地酒も並んでいる。

● DATA

道の駅 めぐみ白山

［住　所］白山市宮丸町2183
［電　話］076-276-8931
［定休日］12月31日～1月4日
（1月3日・4日特別営業あり）
［営業時間］9時30分～18時
（地場産品売場・観光情報コーナー）

道の駅 こまつ木場潟《きばがた》（小松市）

小松の特産物が集まる
地元産の大麦味噌が人気

小松市の木場潟公園の近くにある道の駅 こまつ木場潟。小松産の農産物や特産品、土産品を販売する直売所のほか、地元の食材をふんだんに使用したレストラン、小松の観光情報を発信するスペースも設けられている。

地元農家直送の食材がそろう「旬菜市場 じのもんや」は、新鮮な野菜をはじめ、JA小松市のブランド米、地元業者が製造するさまざまな加工食品が並び、開店と同時ににぎわいを見せている。

商品の中には発酵食品も並び、人気の商品がJA小松市が製造する「こまつ味噌」だ。小松市の特産品の一つである栄養価の高い大麦にこだわった麦味噌で、食物繊維が豊富に含まれている。減塩に配慮してつくられ、地元の人に親しまれる昔ながら熟成味噌だ。

サバ、イワシなどの魚の糠漬けの中に、ニシンの糠漬けが数多く並ぶのも目を引く。

また、味噌店がつくる甘酒、醤油店の煮魚醤油のほか、冬季になるとかぶら寿しや大根寿しなど、季節に応じて地元生産者の商品がお目見えする。

JA小松市製造のこまつ味噌

ニシンの糠漬け

● **DATA**

道の駅 こまつ木場潟

［住　所］小松市蓮代寺町ケ2-2
［電　話］0761-25-1188
［定休日］1月・2月の水曜、1月1日～3日
［営業時間］8時30分～18時

旬の農産物が豊富にそろう「旬菜市場 じのもんや」

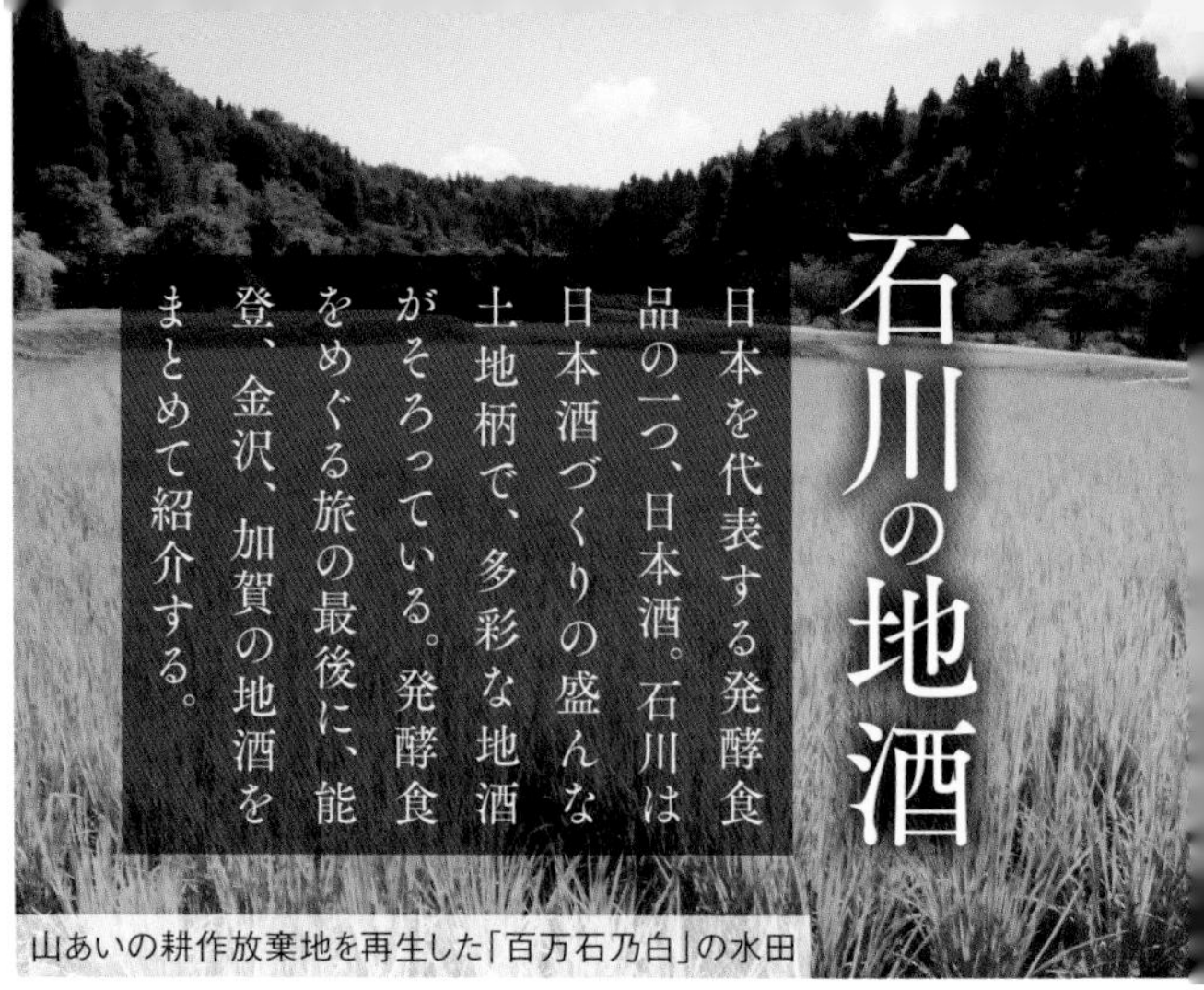

石川の地酒

日本を代表する発酵食品の一つ、日本酒。石川は日本酒づくりの盛んな土地柄で、多彩な地酒がそろっている。発酵食をめぐる旅の最後に、能登、金沢、加賀の地酒をまとめて紹介する。

山あいの耕作放棄地を再生した「百万石乃白」の水田

伝統の酒づくりを担う33蔵

石川県酒造組合連合会加盟の酒蔵は2023年末現在、33を数える。能登地区には鳳珠酒造組合、七尾酒造組合の15蔵、金沢地区には金沢酒造組合の5蔵、加賀地区には白山酒造組合、小松酒造組合の13蔵が健在で、ふるさとの恵みである水と酒米を基に、地酒を醸してきた。家族や夫婦で営む小さな蔵から、温湿度管理が行き届いたビルで仕込む大きな会社まで規模は様々だが、それぞれ伝統を重んじて酒づくりを続けている。

酒どころ石川の特色として日本四大杜氏《とうじ》の一つとされる「能登杜氏」の存在の重さが挙げられる。蔵人の統率者であり、酒造の最高責任者でもある杜氏。石川県酒造組合連合会加盟33蔵のうち、7割弱の蔵の杜氏が「能登杜氏」だ。ただ、その労働環境は大きく変容してきている。

挑む酒米「百万石乃白」

「百万石乃白《ひゃくまんごくのしろ》」は、石川県が11年の歳月をかけて新しく開発した酒米《さかまい》で、2020年よりこの米で醸した清酒が販売されている。従来唯一の県オリジナル酒米であった「石川門」にはない独自性を追求し、県を代表するブランドとして通用する優良性を期して、試行錯誤を重ねて完成させた。この道一筋の杜氏たちからは、「すっきりしてフルーティーな味わい」「麹《こうじ》にしてからのさばきが抜群」など評判は上々。目指すは「山田錦」を超える品質を、と目標は高い。

海を越えて市場開拓

石川県内33蔵で醸造される日本酒は、県内外ばかりではなく海を越えて韓国、中国、台湾、東南アジア、豪州さらには北米、南米、欧州へと販路を

5つ星ホテルの「リッツ・パリ」の豪華な大広間で開催された商談会

広げてきた。各蔵とも県内外での販売促進と合わせて料理に合いワインとはまた違う「ジャパニーズ・サケ」の味わいに磨きをかけている。近年は欧州などで、日本酒の人気が高まっており、石川産酒がコンテストでプラチナ賞などを受ける機会も増えている。

※この項は『新 石川の地酒はうまい。』（2021年発行）より抜粋し掲載しました。

石川33酒蔵の代表銘柄

能登の酒

鳳珠酒造組合
七尾酒造組合

■櫻田酒造株式会社（珠洲市）

大慶《たいけい》

特別純米酒 無濾過大慶

■宗玄酒造株式会社（珠洲市）

宗玄《そうげん》

宗玄 大吟醸 SAMURAI KING

■松波酒造株式会社（能登町）

大江山《おおえやま》

大江山 復刻版純米酒

■株式会社鶴野酒造店（能登町）

谷泉《たにいずみ》

谷泉 特別純米酒

■数馬酒造株式会社（能登町）

竹葉《ちくは》

竹葉 生酛純米 奥能登

■中納酒造株式会社（輪島市）

若緑《わかみどり》

能登上撰 黒松 若緑

■株式会社清水酒造店（輪島市）

能《の》登《と》誉《ほまれ》

能登誉 純米吟醸

■日吉酒造店（輪島市）

金瓢《きんぴょう》 白駒《しらこま》

大吟醸 金瓢白駒

■株式会社白藤酒造店（輪島市）

奥《おく》能《の》登《と》の白菊《しらぎく》

奥能登の白菊 純米吟醸

■合名会社中島酒造店（輪島市）

能登《のと》 末廣《すえひろ》

能登末廣 大吟醸

金沢の酒

金沢酒造組合

中野酒造株式会社（輪島市）

能登《のと》 亀泉《かめいずみ》

能登上撰 亀泉

株式会社久世酒造店（津幡町）

長生舞《ちょうせいまい》

超古大吟30 長生舞

合資会社布施酒造店（七尾市）

天平《てんぺい》

清酒 天平（本醸造五年大古酒）

有限会社春成酒造店（七尾市）

春山《はるやま》

本醸造 春山

やちや酒造株式会社（金沢市）

加賀鶴《かがつる》

加賀鶴 前田利家公 特別純米

有限会社武内酒造店（金沢市）

御所泉《ごしょいずみ》

御所泉 吟醸

株式会社福光屋（金沢市）

加賀鳶《かがとび》

加賀鳶 純米大吟醸 藍

鳥屋酒造株式会社（中能登町）

池月《いけづき》

大吟醸 池月 KZ-4

御祖酒造株式会社（羽咋市）

遊穂《ゆうほ》

遊穂 純米吟醸

中村酒造株式会社（金沢市）

金澤《かなざわ》 中村屋《なかむらや》

金澤中村屋 純米吟醸

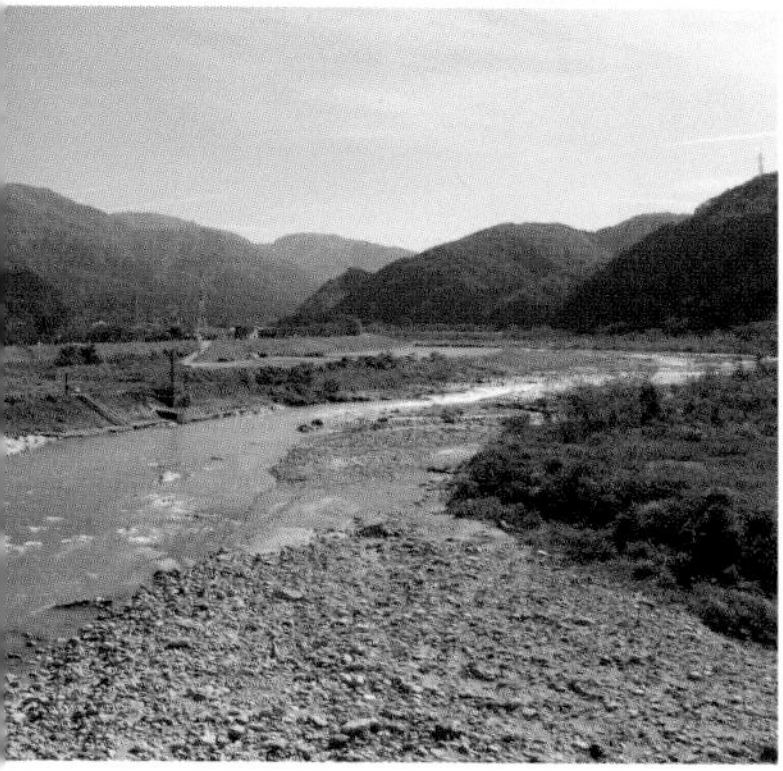

加賀の酒

白山酒造組合
小松酒造組合

高砂《たかさご》
株式会社金谷酒造店（白山市）

高砂 本醸造

天狗舞《てんぐまい》
株式会社車多酒造（白山市）

天狗舞 山廃仕込純米酒

手取川《てどりがわ》
株式会社吉田酒造店（白山市）

手取川 大吟醸 生酒あらばしり

菊姫《きくひめ》
菊姫合資会社（白山市）

菊理媛

萬歳楽《まんざいらく》
株式会社小堀酒造店（白山市）

萬歳楽 白山 純米大吟醸

夢醸《むじょう》
株式会社宮本酒造店（能美市）

夢醸 純米大吟醸

神泉《しんせん》
東酒造株式会社（小松市）

神泉 大吟醸

加《か》賀《が》ノ月《つき》
株式会社加越（小松市）

加賀ノ月 満月

菊鶴《きくつる》
合資会社手塚酒造場（小松市）

E-SPACE

春心《はるごころ》
合同会社西出酒造（小松市）

春心 THE ハルゴコロ

十代目《じゅうだいめ》
橋本酒造株式会社（加賀市）

純米大吟醸 十代目

常《じょう》きげん
鹿野酒造株式会社（加賀市）

常きげん 山廃仕込純米酒

獅《し》子《し》の里《さと》
松浦酒造有限会社（加賀市）

獅子の里 純米大吟醸

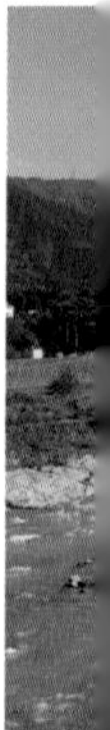

【参考文献】

『愛蔵版 石川・富山 ふるさと食紀行』北國新聞社（２０１３年）
青木悦子『金沢・加賀・能登 四季のふるさと料理』北國新聞社（２０１３年）
『新 石川の地酒はうまい。』北國新聞社（２０２１年）
『北國文華』第31号　北國新聞社（２００７年）
地産地消文化情報誌『能登』各号　季刊『能登』編集室
おのみさ『発酵はおいしい！ イラストで読む世界の発酵食品』パイインターナショナル（２０１９年）

本書の趣旨にご賛同いただいた多くの個人、団体の皆様に
あつく御礼申し上げます。

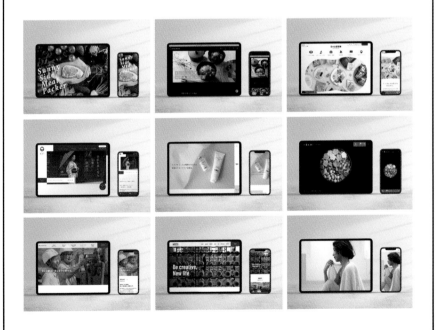

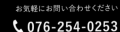

ゴールドジムヴィテンののいち
エリア最大級!!
2フロア(3・4F)
ビッグサイズのジム!!
450坪の
トレーニング
エリア!!

お好み焼
福生れ
道とん堀
DOHTON BORI

至 若宮大橋
道とん堀
オートバックス
しまむら
くら寿司
米丸小
メープルハウス
入江三丁目
至 西金沢

石川の文化観光
能登・金沢・加賀の発《はっ》酵《こう》食《しょく》

発行日　2024(令和6)年3月31日　第1版第1刷

編集・発行　北國新聞社
〒920-8588
石川県金沢市南町2番1号
TEL 076-260-3587(出版部直通)

ISBN978-4-8330-2305-4